JN050741

地球は丸くない!?

人類史上最大級の陰謀

フラットアース隠蔽をひっぺがす!

FLAT EARTH

大橋和也
Ohashi Kazuya

ヒカルランド

はじめに

近年、世界中で発生している常軌を逸するさまざまな出来事に接するたびに、時代の変革期にさしかかっていることを、ひしひしと感じます。政治、経済、医療、教育、マスコミ、宗教等々、全てが大きな力によってコントロールされてきたということが表に現れるようになりました。今まで信頼してきた政府、マスコミ、医者たちが、庶民やその家族の命よりも利益を、あからさまに追求するようになり、世に出まわる情報の本質を押さえないことには、私たちの健康をも危険にさらされる時代に生きています。

このような状況下で、さまざまな社会現象に疑問を持ちはじめ、いろいろと調べていく中で、「フラットアース」に出会い、天文学の自然現象の定説が、自分の抱いている感覚と合わないと感じることに気づきはじめました。

私はインダストリアルデザイナーとして、ラジカセなどのプロダクトデザインをはじめ、携帯電話やスマートフォンのユーザーインターフェースデザインから、交通管制システム、セキュリティ監視システム、放送映像システムなどの大規模な業務用システムのデザインにまで関わってきました。利用上の問題点など、複雑な課題を整理し、解決策を探り、利用者が感覚的に快適に直感で間違いなく使用できるシステムの実現を追究してきました。
そんな私にとって、天文学とは、身近な自然現象の観察を行い、自然の中のルールを探し出すことで、人間の実感との整合性を見出す取り組みであり、宇宙の中における人間の存在価値を再認識する大切な学問であると捉えています。
私は、天文学や物理、数学の専門家ではありません。しかし、漠然とした複雑な課題を整理し、問題点を抽出し、その解決策を明らかにするという、これまでの経験で身につけてきた手法が、「フラットアース」全体像の解明にも役立てられると考えています。

本書では、はじめに自然現象における「天文学の定説」と「自分の実感」との乖離を確認し、次に「天動説」から「地動説」へ切り替わった理由を探っていきます。その要因としての宗教やNASA等の関わりや、さらに人工衛星に関する疑惑を調べてみます。最後に、「フラットアース」の考察と、今後の私たちの生き方として目指すべき方向について考えます。

今まで学校で教えられてきた「地球は球体である」ことを一度白紙に戻し、自分の感覚で周囲の事象を新鮮に捉えていた子供の頃の素直な心に戻って、自然現象を観察し、その全体像を考察してみたいと考えています。

もくじ

古代ギリシャ時代　紀元前８００年〜紀元前３３０年頃　59

第４章　科学はとっくに乗っ取られている！ フリーメイソンによる宇宙分野への徹底侵略

第5章　誰も宇宙へ行っていない⁉　天空には超えられない壁がある⁉

第６章　やっぱり地球は丸くない⁉　フラットアースの真相を追究！

注：本文中の記号※に対応するQRコード（参照動画やサイトへリンク）および巻末に掲載のURLは、執筆時（2024年）のものであり、現在は削除されている場合もあります。

カバーデザイン　吉原遠藤
編集協力　レックス・スミス
校正　井上朱里
本文仮名書体　蒼穹仮名（キャップス）

第１章

違和感しかない！
宇宙理論と現実との
深刻なギャップ

地球は、確かに丸い！　なぜならば、宇宙から撮影された地球は丸いから。船が遠ざかる時には、船体の下から徐々に見えなくなると船乗りが言っていたから。ＩＳＳ国際宇宙ステーションは90分で地球を1周していて時々目視できるから。マゼランが世界1周して元の場所に戻れたから。学校でもテレビでも、地球儀で日食や月食の仕組みを学んだから……。

以上、「地球は丸い」と信じ込んできたこれらの根拠は、自分が実感したからではなく、テレビや学校や映画によって伝えられ、それを全て「正しい」と信用していたからなのではないでしょうか。

最近では、船体が下から消えて見えなくなっても高倍率のデジタルカメラで拡大すると、地球の曲面に隠れたはずの船体がまた見えてしまう事象が数多く報告されています。「もしかすると、これらの根拠が全て嘘だったのかもしれない!?」と疑うところからはじめてみることで、新たな出発地点に立てるのかもしれません。

天文学者ガリレオ・ガリレイは、近代科学を確立した偉人として知られ、多彩な才能を発揮したと伝えられています。その業績の一つは、物質を「一次性質」と「二次性質」に区別したことでした。**形・重さ・速さ・大きさ**など、「客観的」な項目を「一次性質」として科学分野で扱うこととし、**色・音・におい・味**などの「感覚的」で主観的な項目を「二次性質」として科学の対象外としました。科学の対象を「一次性質」に絞ることで、さまざまな自然現象を数学的に的確に表現できるとしたのです。

その結果、自然現象を数式で表現できるようにもなりました。それまで曖昧だった「物理」と「哲学」の分野を明確に分離することによって、「客観的」な科学が進展し、現代科学にまで発展してきたのです。

その後、観測機器の進歩によって、**色・音・におい・味**などの計測が可能となり、「二次性質」だった物質が「一次性質」へ分類されることで、科学の対象は徐々に広がりを持つようになりました。

そして、現代においては、あらゆる分野に科学的見地が用いられ、「科学」は信頼性の高いものとしての地位を獲得しています。

私たちは、子どもの頃から偉人伝を聞かされ、畏敬の念をもって科学に接してきました。そして物心ついた頃から地球儀を与えられ、「球体の地球」に何の疑問も抱かないような教育を受けてきました。

しかし、昨今、世界中で起きている異常な出来事から、私は世の中の全ての事象に疑問を持つようになりました。さらに、それまで遠い存在だった天文学も何かおかしいのでは？　変な

友人の言葉

橋や海は地球の曲率に沿っているよ
球体だって教わったでしょう！

私の独り言

それでも平面にしか見えないよ

のでは？　と感じはじめてきたのです。

17世紀に、天文学においてガリレオが除外してしまった「二次性質」としての人間の「感性」や「直感」。私たちは、こういった感覚に基づく素朴な疑問に、天文学や物理の専門家ではないからこそ素直に気づき、科学の本来のあるべき「客観性」に加え、「感覚的」な面からも、真の姿に迫れるのではないのかと考えています。

この章では、私自身が抱いている天文学への違和感の代表例を抽出し、なぜそのように感じるのかを考察してみます。

北極星はなぜ動かない？

超音速で１日に１回転している地球は、太陽のまわりを超高速で公転しており、同時に銀河系とともに超々高速で移動しています[※1]（１－１）。しかし北極星は、紀元前の有史以来、数千年

※１

間も同じ位置に留まって見えています。動きまわる大地から眺める夜空に輝く大量の恒星が、不規則な動きを見せないことが不思議です。

【定説】地球は太陽系の惑星とともに超高速公転中！

航海士や旅人たちが、長距離移動する際に方角の基準として利用してきたものは、北極星や恒星による星座でした。いつ見ても位置関係を保ち続けることから、はるか昔の古代から大航海時代に至るまで、命に関わる安全な移動を実現するために利用され続けてきたのです。北半球で北極星を見上げると、天球の恒星全体が反時計まわりにほぼ1日に1回転し続けてきました（1－2）。

音速は、気温15℃の時に時速約1225㎞ですが、地球は音速を超える時速約1670㎞の高速で自転しています。現在、世界最速のジェット機は、マッハ9・68（時速約1万1858㎞）を記録していますが、地球が太陽を1周する公転速度は、マッハ約88（時速約10万7800㎞）なのです。

そして太陽系全体は、時速約86万4000㎞で移動しており、さらに宇宙はビッグバンによって、太陽系を含む銀河全体が時速約216万㎞という想像を絶する速度で拡大し続けている

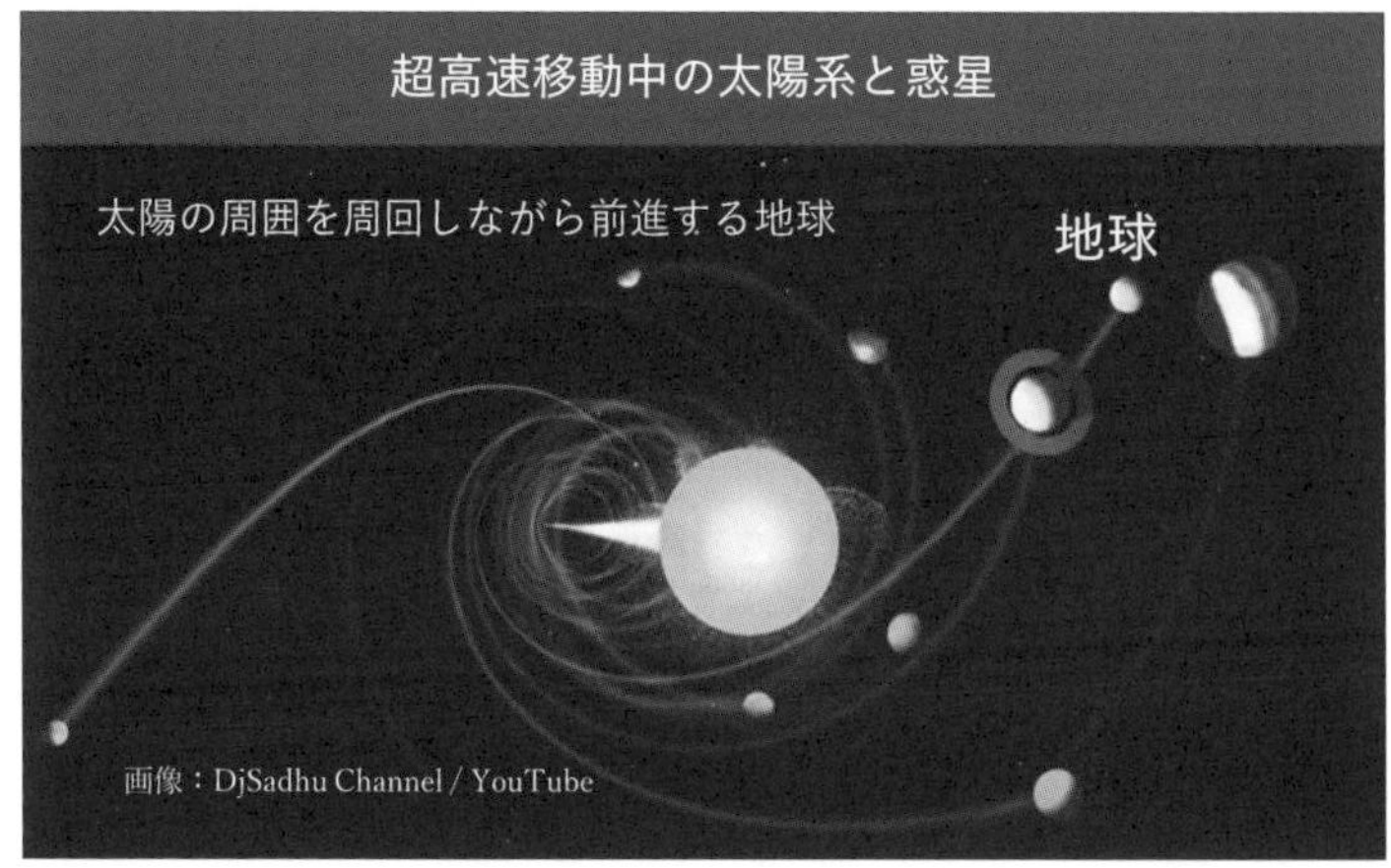
超高速移動中の太陽系と惑星
太陽の周囲を周回しながら前進する地球
地球
画像：DjSadhu Channel / YouTube

１－１

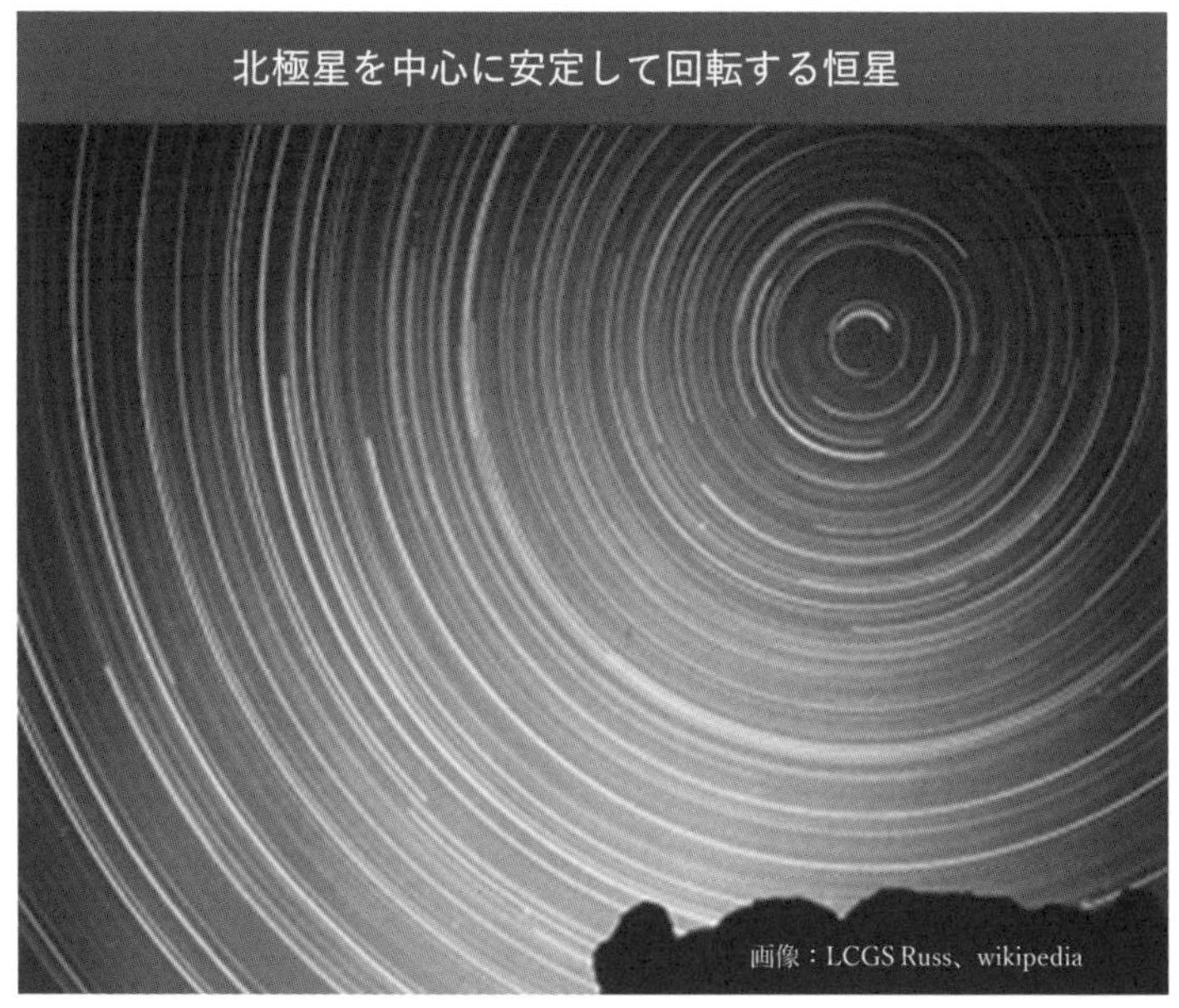
北極星を中心に安定して回転する恒星
画像：LCGS Russ、wikipedia

１－２

とされています。「あなたは、これでもまだ信じますか」と問われているような数値です。

天空に散りばめられている恒星の位置関係が変わらないのは、移動中に見る遠い山がゆっくり動くのと同様に、星は非常に遠く〝数光年〜数百億光年も離れているから〟というゴリ押しの理論が考え出され、そのために〝動かないように見える〟のだとされています。

◇音速〈マッハ1〉は時速約1225km。最速ジェット機は、マッハ9・68。
◇地球の自転速度〈マッハ約1・36〉時速約1670km
◇地球の公転速度〈マッハ約88〉時速約10万7800km
◇太陽系の移動速度〈マッハ約705〉時速約86万4000km
◇銀河系の膨張速度〈マッハ約1763〉時速約216万km

【実感との乖離】なぜ北極星は数千年間同じ位置なのか？

有史以来、観測され続けてきた記録によると、何千年間にもわたって北極星を中心に恒星や銀河群は、一定の距離を保ってほぼ1日に1回の回転を続けています。

夜空に広がる星空の安定した配置に対して、この超高速回転&超高速移動する地球から見える星空の動きを想像すると、その姿には大きな乖離を感じるのです。

風のない日の鏡のような海面や、北極星を中心に数千年間も安定した位置で回転を続けている恒星を見ると、「大地は不動である」、このほうが実感と合致するのです。

地球はまわっている?

地球は、西から東に向かって自転しており、赤道の全長は約４万㎞、１日に１回転すると赤道あたりの時速は約１６７０㎞（分速28㎞、秒速４７２ｍ）です（１－３）。音速に相当するマッハ１は、時速１２２５㎞ですが、ジェット旅客機が時速約８００㎞、新幹線が時速約３００㎞ですから、地球の自転速度は体感したことのない猛スピードです。東京の緯度でさえ、音速を超える猛スピードで自転しているにもかかわらず、地球の動きを一切感じないことが不思議です。

【定説】地球は巨大なため自転を感じない!

エレベータに乗ってゆっくりと動き出すと加速度を感じ、到着間近には減速を感知できるほど、人間には繊細なセンサーが備わっています。このように、微妙な動きの変化を感じ取ることができるにもかかわらず、私たちは、地球の想像を絶する超高速な自転や公転の回転運動や、銀河の移動や宇宙膨張の直線運動を、一切感じることがありません。

地球は巨大なために地上における微妙な動きを人間は感じないのだ、ということのようです。

しかし、物理の授業で、「慣性の法則」は「直線等速度運動の時に成立する」のであって、「等速回転運動では加速度が発生する」と教えられます。人の敏感なセンサーは、微妙な加速度を感じ取れるはずなのです。

【実感との乖離】なぜ大気は大地と同時に動けるのか？

地球の大気は、自転とともに大地に張りついており、一緒に回転しているために「慣性の法則」によって動きを一切感じないのだとされていますが、どうも納得がいきません。

ジェット機は、時速１２２５㎞の音速を超える時に、強烈な衝撃波を発生させます。自転は赤道上では、時速約１６７０㎞と音速をはるかに超えています（１－４）。自転速度は、赤道が最も速く、極地点ではほぼ静止状態となります。旅客機の飛行ルートが、途中で音速を超える緯度に達しても、衝撃波を感じることはありません。

時速１６７０㎞で東方向に高速回転している地球表面をジェット旅客機が、東方向に時速８００㎞で追いかけると、目的地は遠ざかっていくばかりで、いつまでたっても着陸できそうに

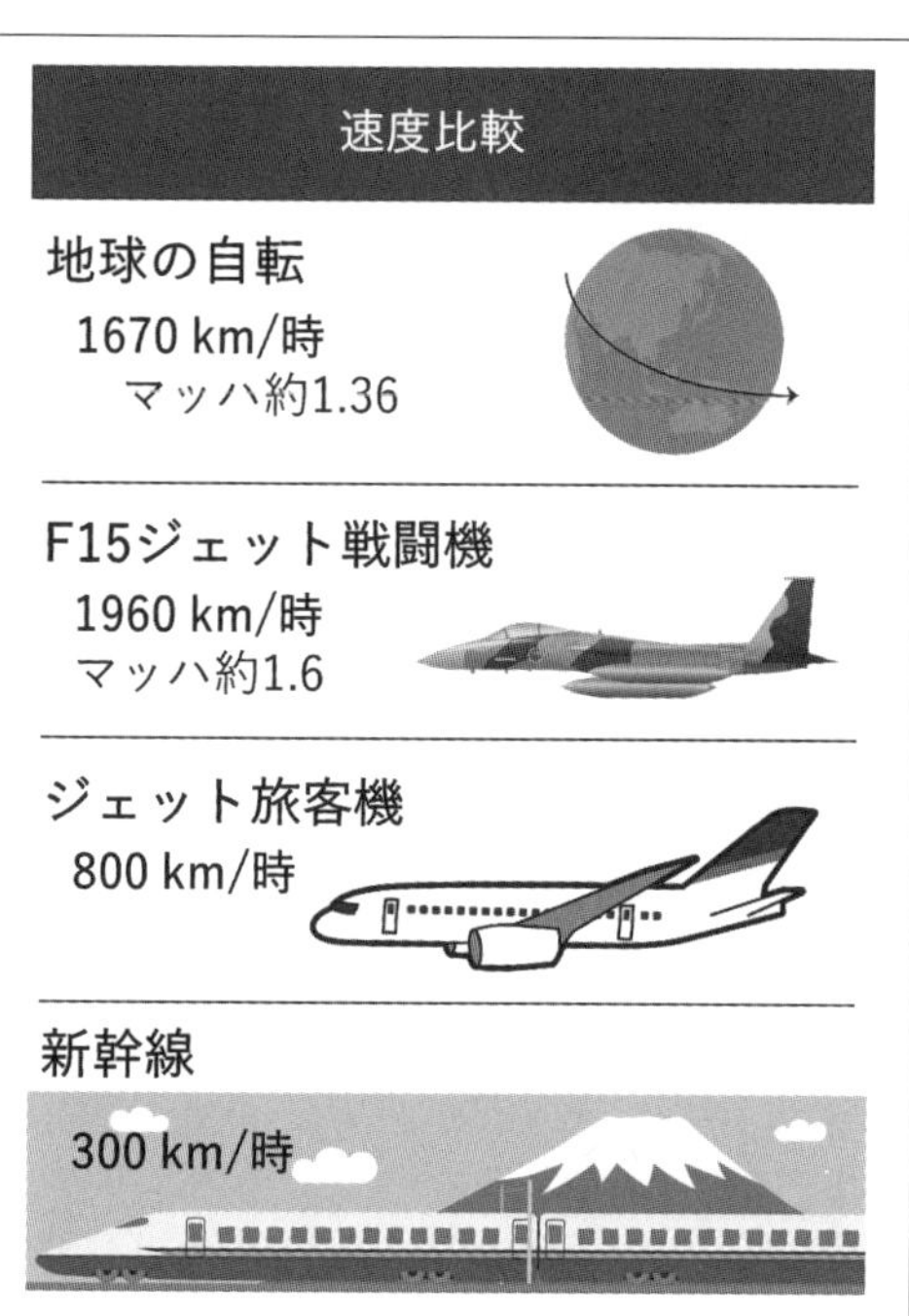
速度比較
地球の自転
1670 km/時
マッハ約1.36
F15ジェット戦闘機
1960 km/時
マッハ約1.6
ジェット旅客機
800 km/時
新幹線
300 km/時

1－3

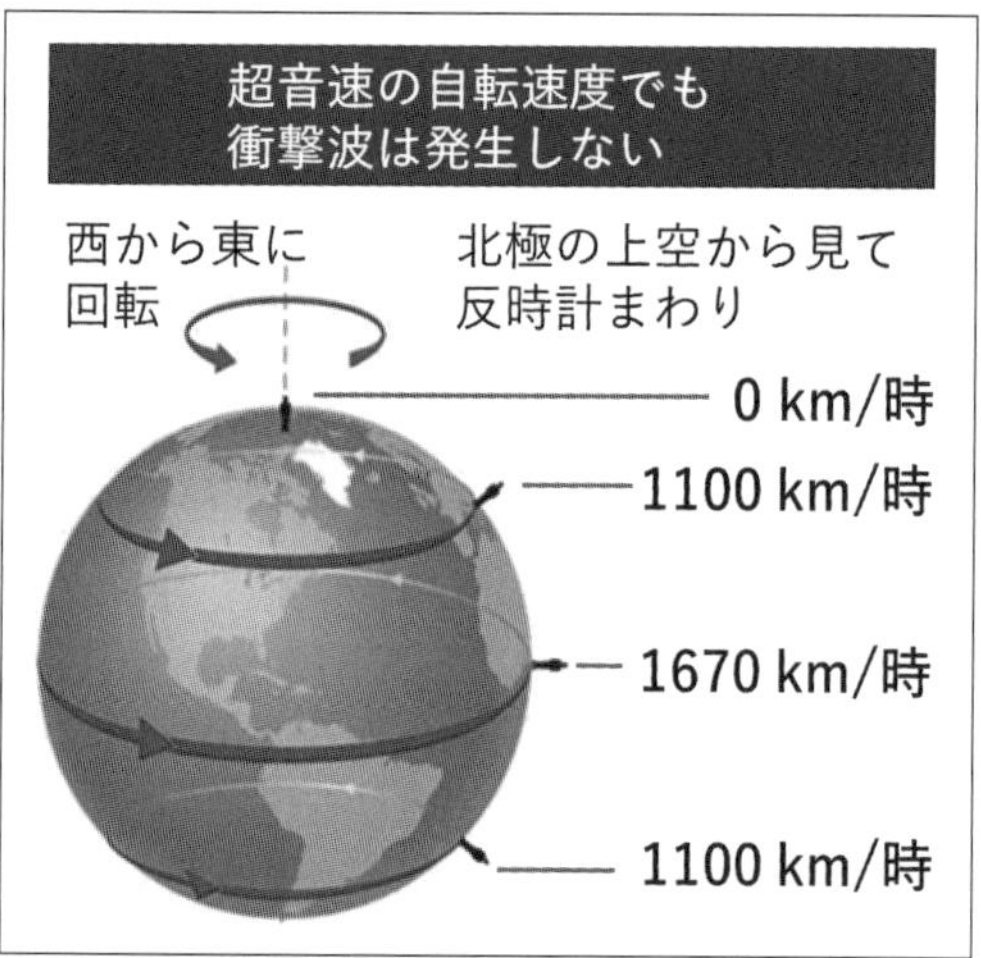
超音速の自転速度でも
衝撃波は発生しない
西から東に
回転
北極の上空から見て
反時計まわり
0 km/時
1100 km/時
1670 km/時
1100 km/時

1－4

ないように思えてしまいます（1－5）。

飛行機が着陸する時には、シートベルトを締めるようにとアナウンスがあります。それまでの自動操縦から異常事態に柔軟に対応できるように手動操縦に切り替え、慎重に滑走路に向かって下降をはじめます。そしてソッと地面に前輪を接地させ、機体の姿勢を制御して無事に着地することで、それまでの緊張感からやっと解放されます。目で見て静止していると確認でき

ジェット旅客機は自転方向の影響を受けない

「引力」によって「大地」と「大気」は一体化し東の方向に自転中

東西の飛行方向による相対速度差が生じない不思議
ジェット旅客機の速度、約800km/時

東方向に自転する地球：1670km/時で高速自転中

西まわりの場合：1670km/時＋800km/時＝2470km/時：マッハ７にならない不思議

東まわりの場合：1670km /時－800km/時＝870km/時にならない不思議

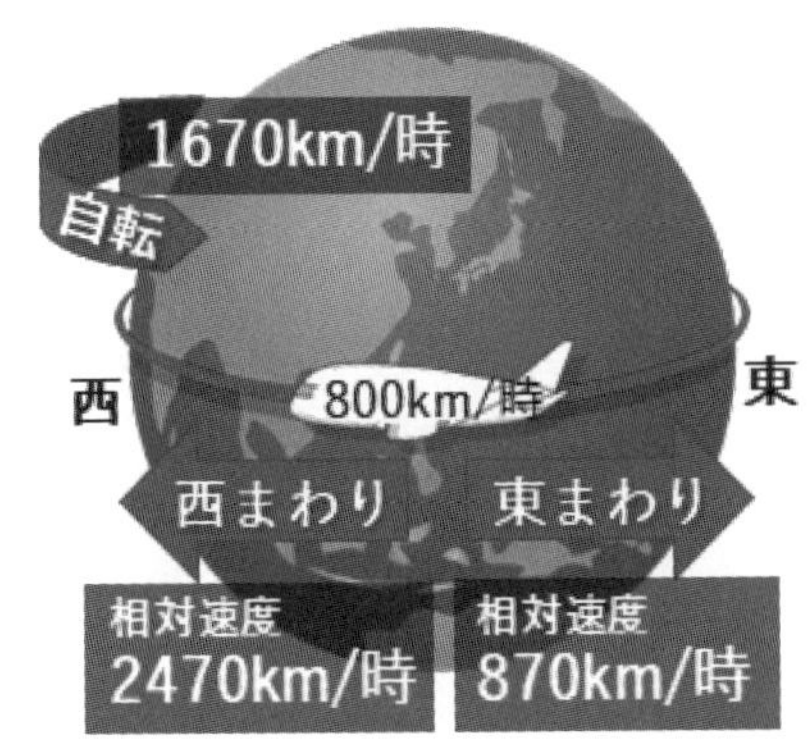

1－5

る大地に向かって着陸する場面がこれです。

時速1670kmで東に向かって高速移動する滑走路に着地するためには、一緒に超高速移動している大気の微妙な動きに配慮しつつ、地面を正確に捉えることに注意が必要で、ジェット機は着陸どころではないのではないでしょうか。

電車の中では、「慣性の法則」によって空気も一緒に移動しています。手に持ったスマホを落としてしまうと真下の床にストンと落下します（1－6）。しかし、屋根のないオープンカーやジェットコースターではどうでしょうか？　走行中には前方から強い風が吹きつけており、手に持ったボールを投げ上げると、風に飛ばされて後方に飛んでいってしまいます（1－7）。

それでは、猛スピードで自転しているオープンスペースの地上で、真上にボールを投げ上げるとどうなるのでしょうか？　あら不思議なことに、手のひらに正確に落下してキャッチすることができるのです。

専門家の解説では、自分の頭上には上空まで大気があり、車と違って地球は非常に大きいため、重い大気も重力と気体の粘性によって一緒に高速回転しているので、投げ上げたボールは地球の中心に向かって引き寄せられ、垂直に落下するというのです。

ジェット機の着陸も「慣性の法則」に従い、大気が一緒に回転しているから可能だという説

閉鎖空間で落としたスマホは、垂直に落下する

走行中

1－6

1－7

明です。

しかし、オープンな空間にある大気が、気体の粘性によって大地と一緒に回転できるものでしょうか？

「慣性の法則」が働くのは、等速直線運動の時だけのはずです。電車がカーブを曲がる時には、遠心力を感じます。自転も公転も超高速な円運動であるため、常に遠心力を感じているはずなのですが、何も力を感じることがありません。

自転する大地と大気は、１秒間に４７２m移動しています。その猛スピードの中を、非常に軽い蝶はひらひらと自由に飛びまわっているのです（１－８）。

１分間に28km移動する自転している地球の地面から、ヘリコプターが数m上昇し10分間ホバリングし続けると、約２８０km先の地点に移動しそうなものです。しかし、大地と大気は一緒に動いているとされているために、その場に静止し続けています（１－９）。

風のない日の水面は、鏡のように青空を映して波頭も立てず、どこまでも平面です。地球が高速自転している気配は、一切感じられません。

けれども、この大地が不動であるならば、これらの疑問は一気に解消されてしまうのです。

1－8

1946年ヘリコプターを4人が交代で操縦し、現在の
エンゼルス・スタジアムで50時間ホバリングを行った
しかし8万3500 km 移動することはなかった

1－9

地球は丸いのに、なぜ水平線はまっすぐに見える？

【定説】水平線はいつでも曲線！

最近でも、「ＩＳＳ国際宇宙ステーションから見た水平線は曲線だ」と映像で毎回強調されており、「地球は巨大なため、地上から見た水平線は直線なのだ」と説明されてきました。

地球を半径６３７８㎞の球体とし、見渡すエリアに障害物がなく、大気の屈折によって６％遠くまで見えると仮定した場合、視線の高さが１・５ｍの人が見渡せる地上の距離は、４・64㎞先までと計算[※2]で出ます。

海上の船は、一定の距離以上離れると、消失点の向こうに消えて見えなくなります。高速道路の街灯が直線で１㎞ほど続くと、街灯は徐々に小さくなり、消失点に集約され、その先は見えなくなります。

水平線は、常に視線の高さ（目の位置）にあり、しゃがむと水平線は低くなり、飛行機から見る水平線は視線の正面まで上ってきます。

※２

【実感との乖離】直線以外の水平線や地平線を見たことがない！

巨大なガスタンクの球体を想像してみましょう。タンクの頂上の穴から頭を出して見渡すと、自分が頂点にいるため、視線の左右は全て下に向かう曲面です（１－10）。３６０度どちらを向いても、目の前に直線の水平線は見えません。タンクが球形であり自分が頂点にいるため、視線の正面よりも下に曲線の水平線が見えるのです。

ジェット機の飛行高度７・５㎞～11㎞から見える水平線は、自分の視線の正面まで上がってきます。これは、大地が平面だから起こる現象です（１－11）。大地が曲面であれば曲線の水平線が、視線の正面よりも下に位置しているはずなのです。

1－10

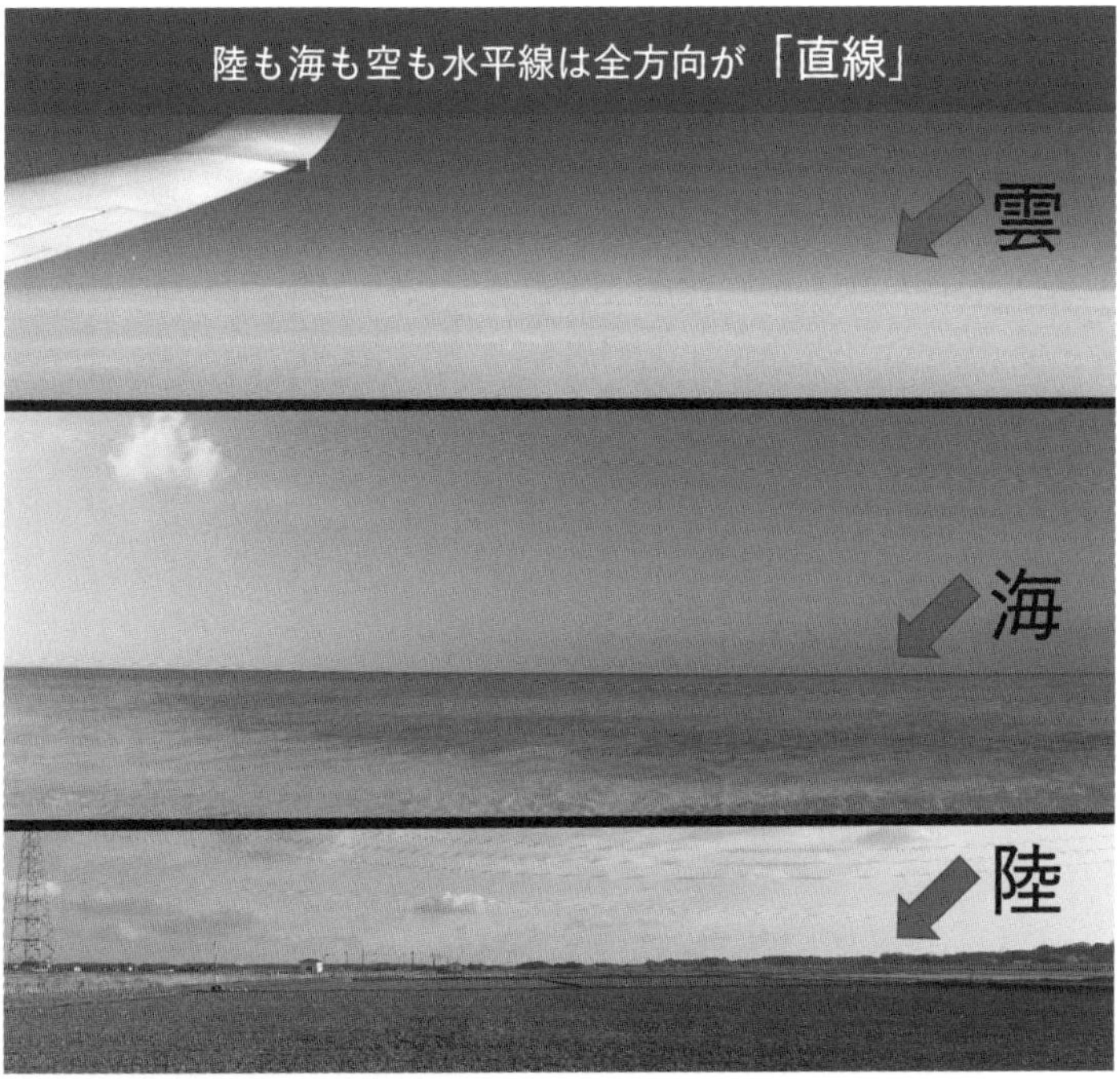

陸も海も空も水平線は全方向が「直線」

雲

海

陸

1－11

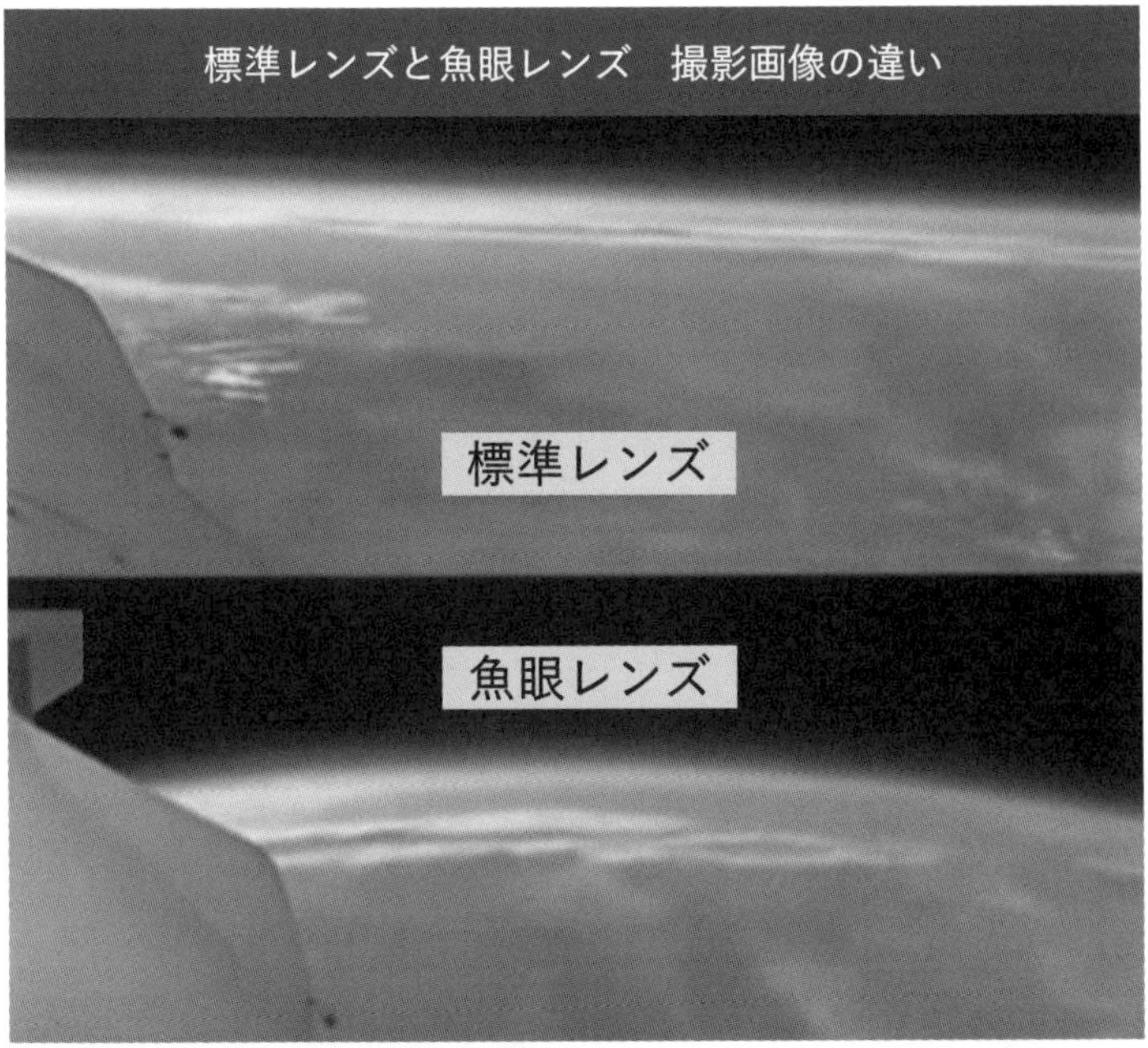

標準レンズと魚眼レンズ　撮影画像の違い

標準レンズ

魚眼レンズ

1－12

大量の人工衛星が地球を周回し、はるか遠くの惑星に近づいて撮影されたリアルな映像を目にすることもたびたびです。ＩＳＳ国際宇宙ステーションからは、楽しそうにフワフワと浮きながら作業する宇宙飛行士の姿が送られてきます。地上の小学生の質問に回答し、宇宙を身近な存在と感じるようになっています。

しかし、宇宙から送られてきた映像の水平線が曲線なのは、魚眼レンズが使用されているからのようであり、アマチュアが打ち上げた気球からの映像には、直線の水平線が映っているのです（1－12）。

地球は丸いから遠くのものは沈んで見えないはず⁉

【定説】近づく船はマストの先端から見えるので海面は曲面！

近づいて来る船がマストの先端から姿を現すことから、それを見た船乗りたちは、海面は曲面だと考えてきたと言われています。遠ざかる船は、下から徐々に姿を消します（1―13）。

「地球曲線計算機」※3のサイトでは、距離による地面の沈み込む深さを確認することができます。富士山の頂上３７７６ｍが見える限界の距離を調べてみました。視線の高さを１・５ｍとした場合に、地面の沈み込みで頂上が見えなくなる距離は、２２３・76㎞でした（1―14）。それ以上遠いと、大地の曲面のために沈み込んだ頂上は見えなくなるという計算です。

※３

近づく船は、マストの先から見えはじめる
遠ざかる船は、マストが最後に消える

1－13

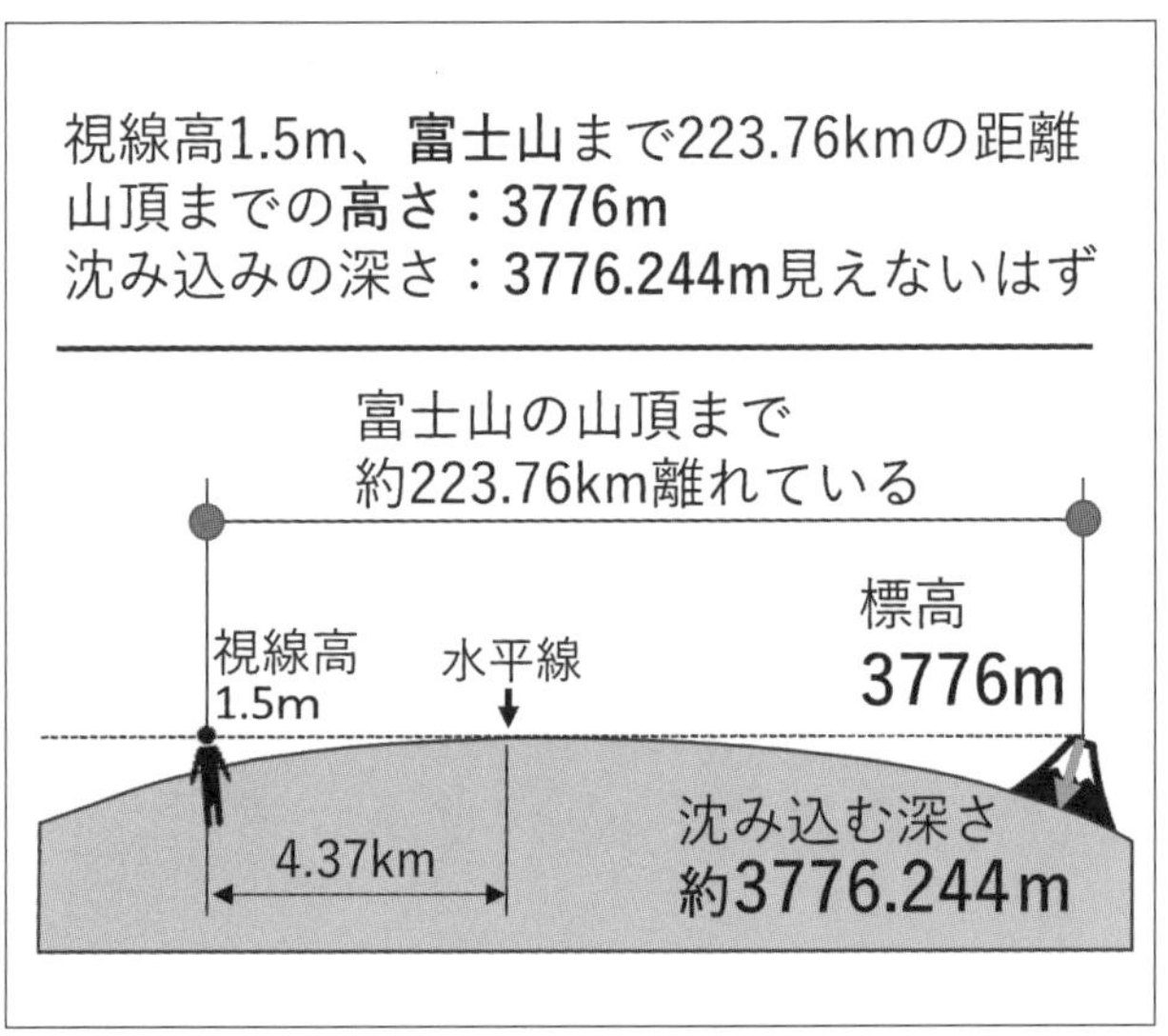
視線高1.5m、富士山まで223.76kmの距離
山頂までの高さ：3776m
沈み込みの深さ：3776.244m見えないはず
富士山の山頂まで
約223.76km離れている
標高
3776m
視線高
1.5m
水平線
沈み込む深さ
約3776.244m
4.37km

1－14

【実感との乖離】計算では見えないはずのものが見える！

地面に近い低い場所から見た遠ざかる船は、徐々に下から姿を消していきますが、この現象は、フラットな机の上で簡単に確認することができます。

机の端に視線を固定し、手元にあるミカンを徐々に遠ざけると、明らかに下から隠れていきます（1－15）。これは曲面に沿ってミカンが遠ざかるために消えて見えるのではなく、遠近法でそのように見えているのです。

富士山の頂上が見えなくなる距離、２２３・76㎞の曲率計算は、正しいのだろうか？

計算で出た距離より遠くから富士山が見えた記録はないのだろうかと思い、調べてみたところ、なんと３２２㎞離れた和歌山県の色川富士見峠から富士山が見えたというのです（1－16）。

視線の高さ＝標高７７８・４ｍ（色川富士見峠）から富士山までの距離３２２・９㎞を曲率計算すると、目標地点の沈み込む深さは３９１２ｍになるため、標高３７７６ｍの富士山は全く見えないはずです。しかし実際には、手前の山に半分ほど隠れていますが、頂上だけではなく山腹まで見えていたのです。

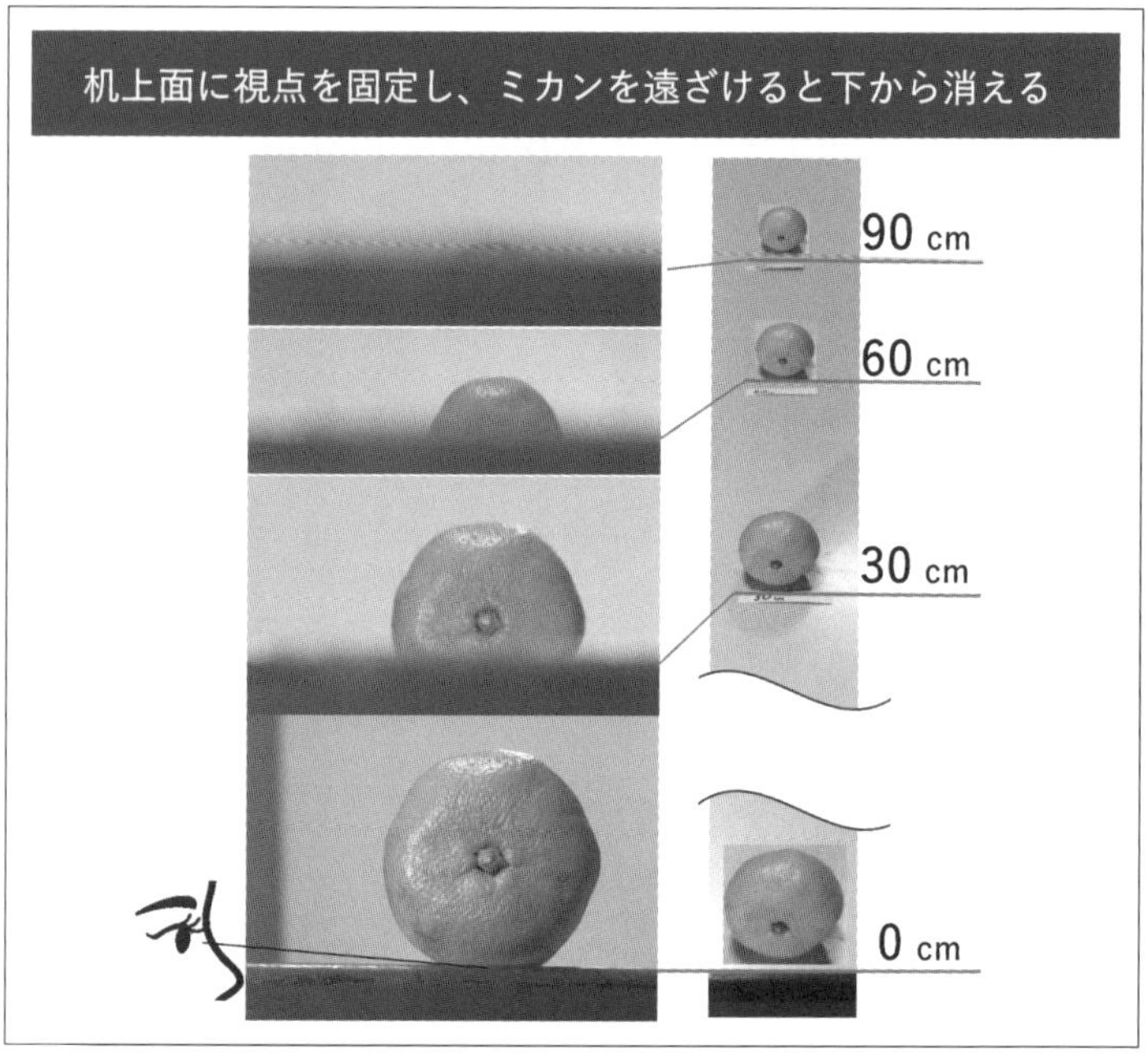
机上面に視点を固定し、ミカンを遠ざけると下から消える
90 cm
60 cm
30 cm
0 cm

1 －15

223km 先までしか見えないはずの富士山が
見えた距離は、322.9 km
322.9 km
手前の影山の奥に
富士山の上部が見えた
画像：PhotoAC イメージ

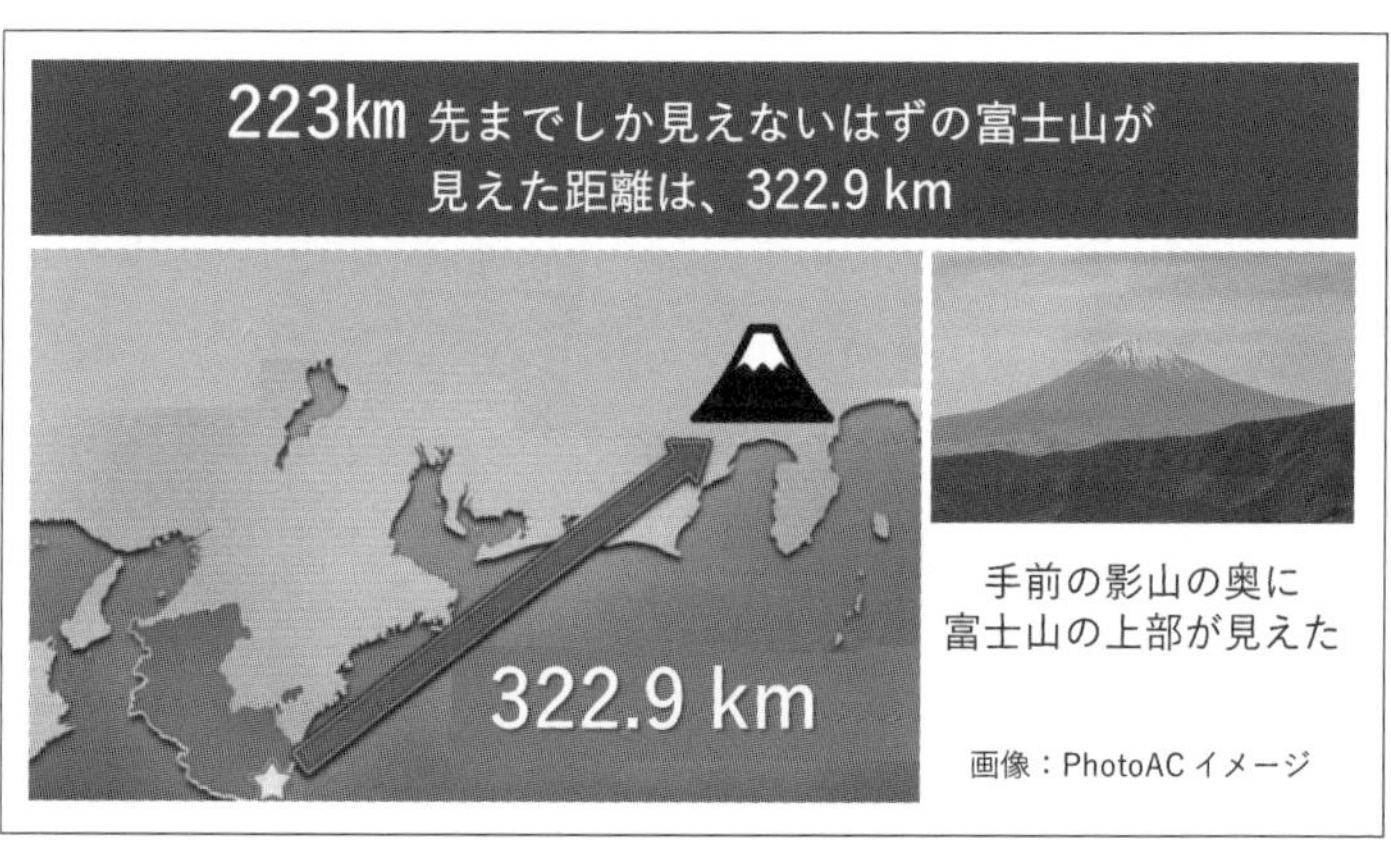

1 －16

カナダのリドー運河の水面は、真冬になると世界最長７・８㎞のスケートリンクに変化します（１－17）。視線の高さ１・５ｍの人から見ると、その消失点は４・37㎞先にあり、７・８㎞先は、92㎝沈み込んでいる計算です（１－18）。こんな坂道の危険なリンクで子供と遊べるものでしょうか。

いやいや７・８㎞のフラットなスケートリンクだからこそ、通勤、通学にも使われているのでしょう。

カナダのリドー運河は
世界最長7.8kmのスケートリンク

1－17

4.37km先まで150cmの上り坂？
水平線から先に92cmの下り坂？
目標物までの距離
7.8km
視線高
150cm
水平線
沈み込み
92cm
スタート
ゴール
消失点まで
4.37km

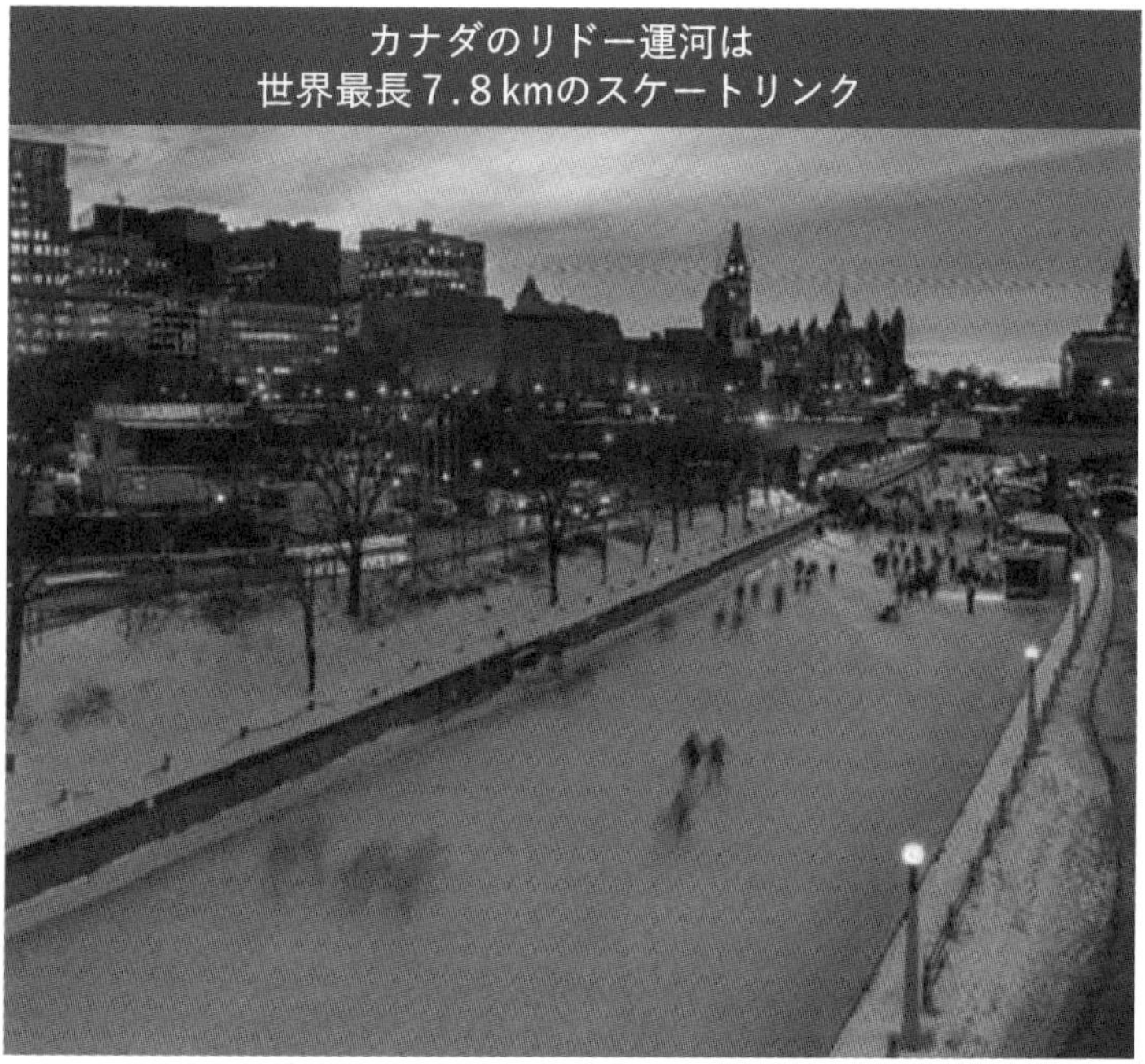

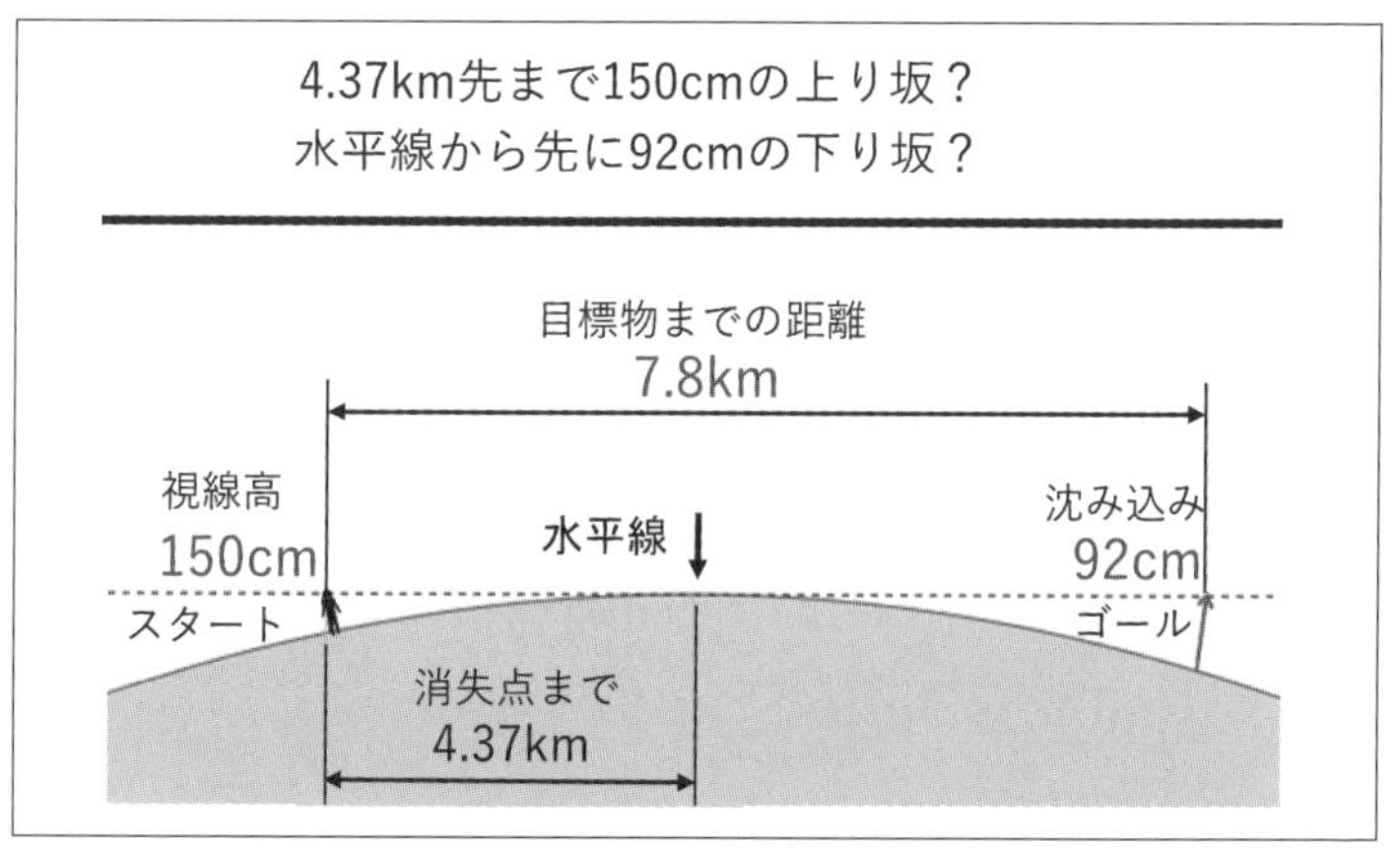

1－18

皆既日食の影の不思議

【定説】地球の自転より月は速いので自転方向に影は進める！

太陽と月がほぼ同じ大きさに見えている理由は、太陽は月の４００倍の大きさだが、太陽は地球から月までの距離の４００倍離れているためだとされています。そして、月が太陽と地球の間に入り、両者の位置がピッタリ重なった時に、皆既日食が生じているというのです。

２０１７年、アメリカ大陸を横断する「皆既日食」の「影」が確認されました。地球から約1億４９６０万㎞離れた太陽からは、ほぼ平行光線が注がれているため、月の影の大きさは、月の直径約３４７４㎞になると思われます（１－19）。しかし実際は、直径約１１３㎞の小さな影だったのです[※4]（１－20）。

皆既日食の見え方は、太陽に月が右上から重なりはじめ、月は左に移動していきました[※5]（１－21）。太陽と月が接し、重なり、離れた時間は、約3時間であり、その間に地球が東に約45度自転したことになります。太陽と比べて少し動きが遅い月は、約43度移動して見えます。太

※５

※４

陽が45度、月が43度移動し、その太陽と月が重なる間に皆既日食が発生しています。

地球は東に時速約１６７０kmで自転しているため、月の影は、地上の東から西へ移動して見えることでしょう。しかし実際には、西から東に向かって、直径約１１３kmの小さな影が移動したのです！

皆既日食：太陽・月・地球の位置関係

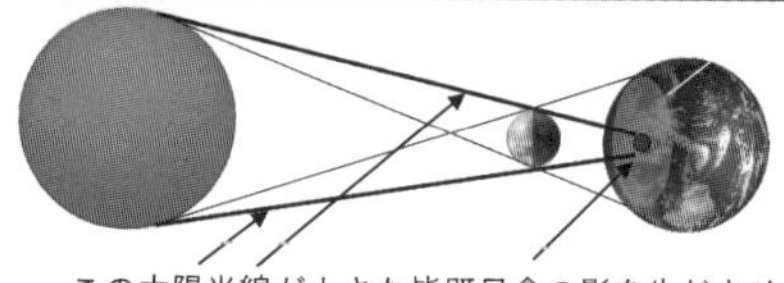

この太陽光線が小さな皆既日食の影を生じさせる

しかし約１億4960万kmも離れた
太陽光は平行光線なのでは？

月のサイズ：直径3474km（一般説）
：直径　51km（フラットアース説）

皆既日食の影の幅は、3474km？

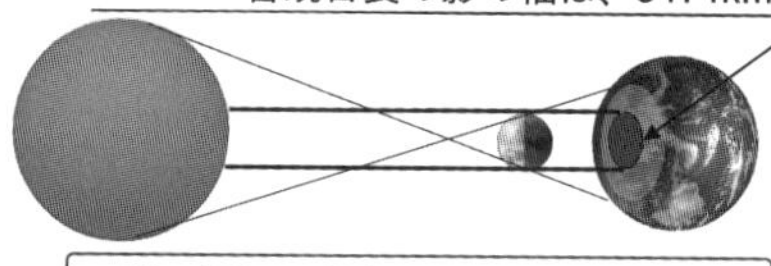

影の幅は、月と同じ3474kmか？

1－19

自転方向(東)へ移動する皆既日食の影

ニュース番組でコースと影の幅を紹介
解説「影の幅：70マイル＝113 km」

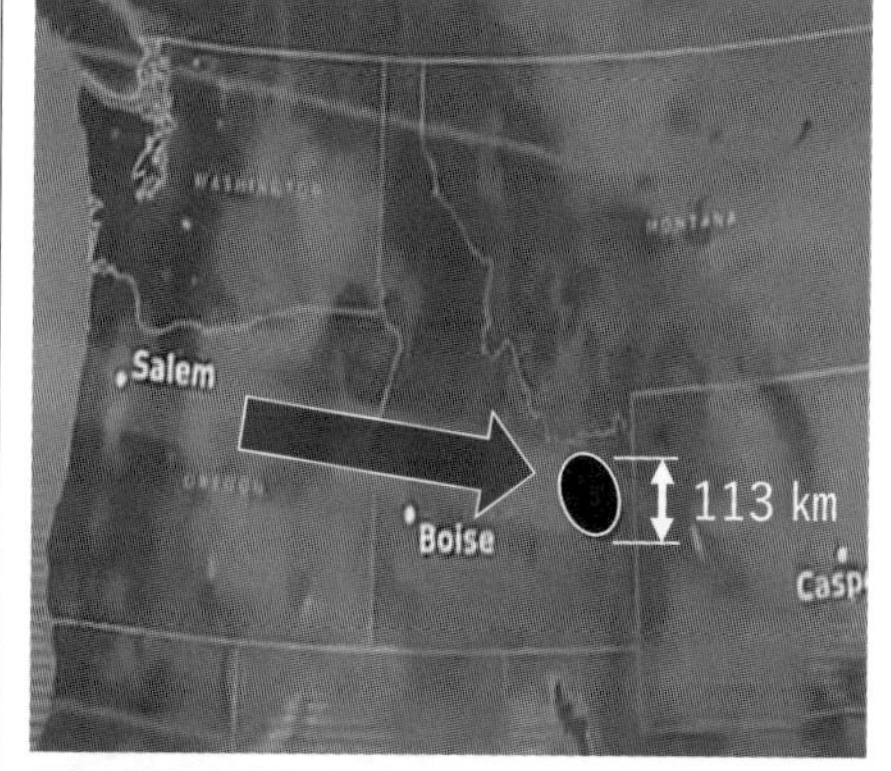

画像：FLAT OUT TRUTH Terry R Eiche　翻訳：Mari Love USA

1－20

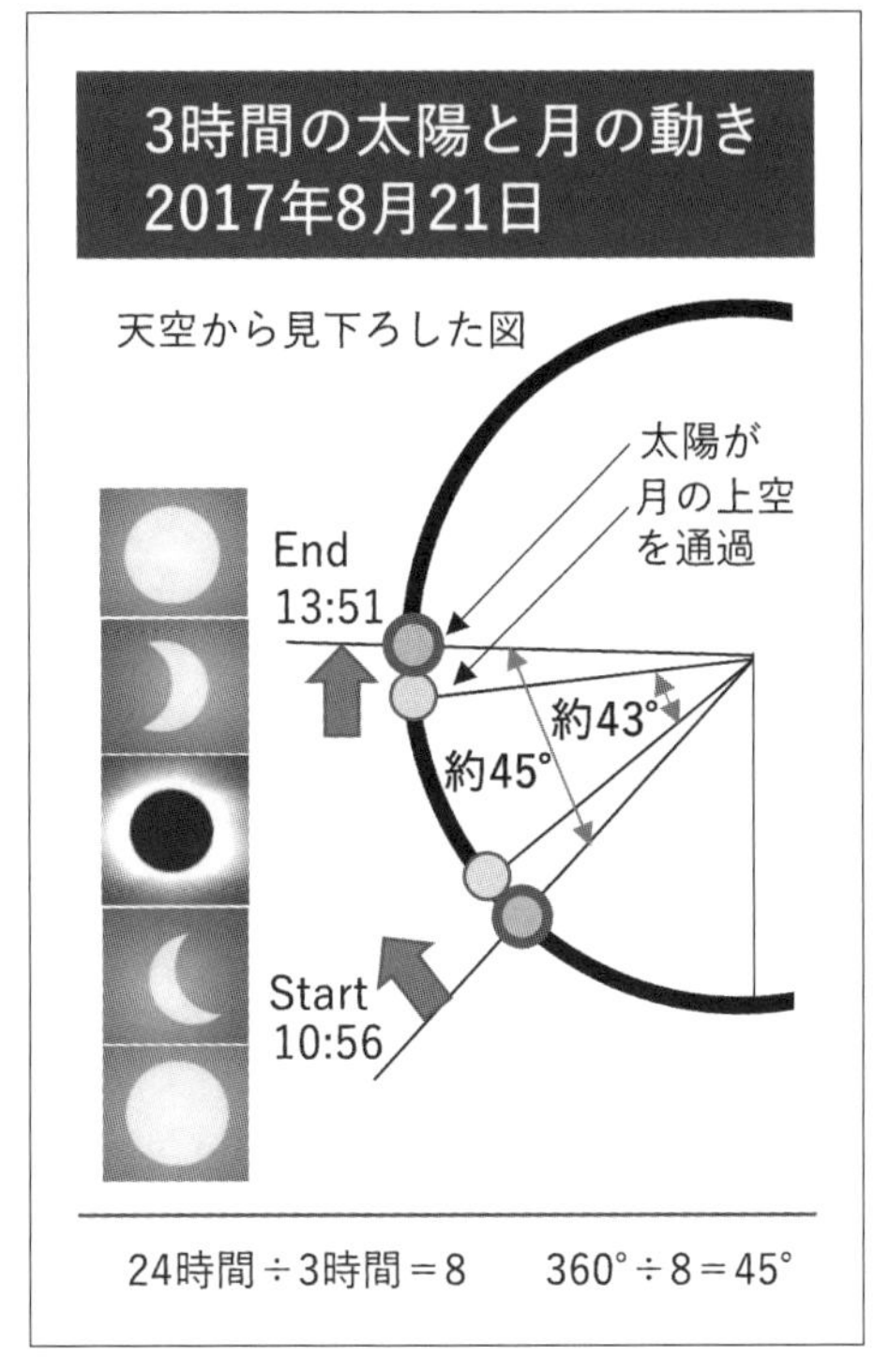

1－21

【実感との乖離】太陽と月の相対速度は遅いのに、地球の高速自転を追い越せる？

地面に投影する月の影のサイズは、平行光線によって直径約３４７４kmになるはずです。しかし発表では、直径約１１３kmだったのです。なぜこんなに小さな影ができるのでしょう？

フラットアースの一説では、太陽も月も上空約４８００kmを周回しており、どちらも直径は、約51kmと計算されています。太陽が月よりも少し離れた位置であれば、大地に月の直径の51kmよりも約2倍程度の１１３kmの影を落とすことが可能なのではないでしょうか。

さらに、皆既日食にかかった時間（太陽と月が接して重なって離れた時間）は、約3時間でした。その間に太陽は約45度西に移動（地球が東に45度自転）して見え、少し動きが遅い月は約43度西に移動（地球の自転方向の東に43度公転）して見えました。

もし、地球が東に自転しているのならば、投影される月の影は、次々と新たに西側にできていくため影は東から西へ移動して見えるはずです。

しかし、実際には、西から東に向かって小さな影が移動したのです。

もし、自転しない不動の平面大地上空の月のさらに上を太陽が通過した影であれば、影は西から東に動いて見えるのです（1－22）。小さな太陽と月による直径約１１３kmの小さな影が、西から東に向かって移動するのです。

参照動画内の実験では同サイズの
ライト(太陽)とコイン(月)を利用

太陽と月は近くて同サイズ

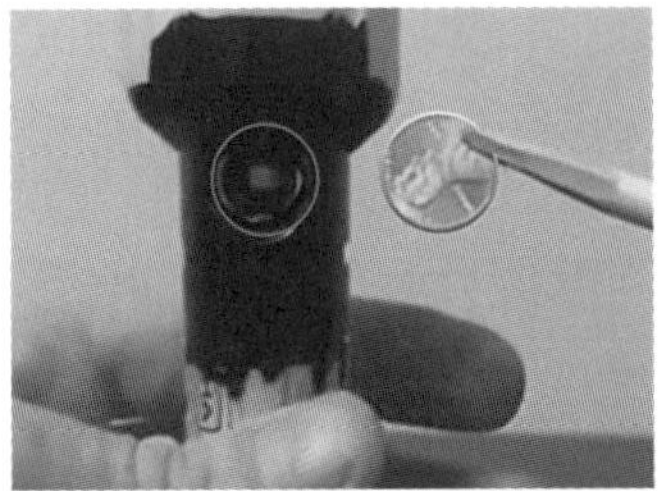

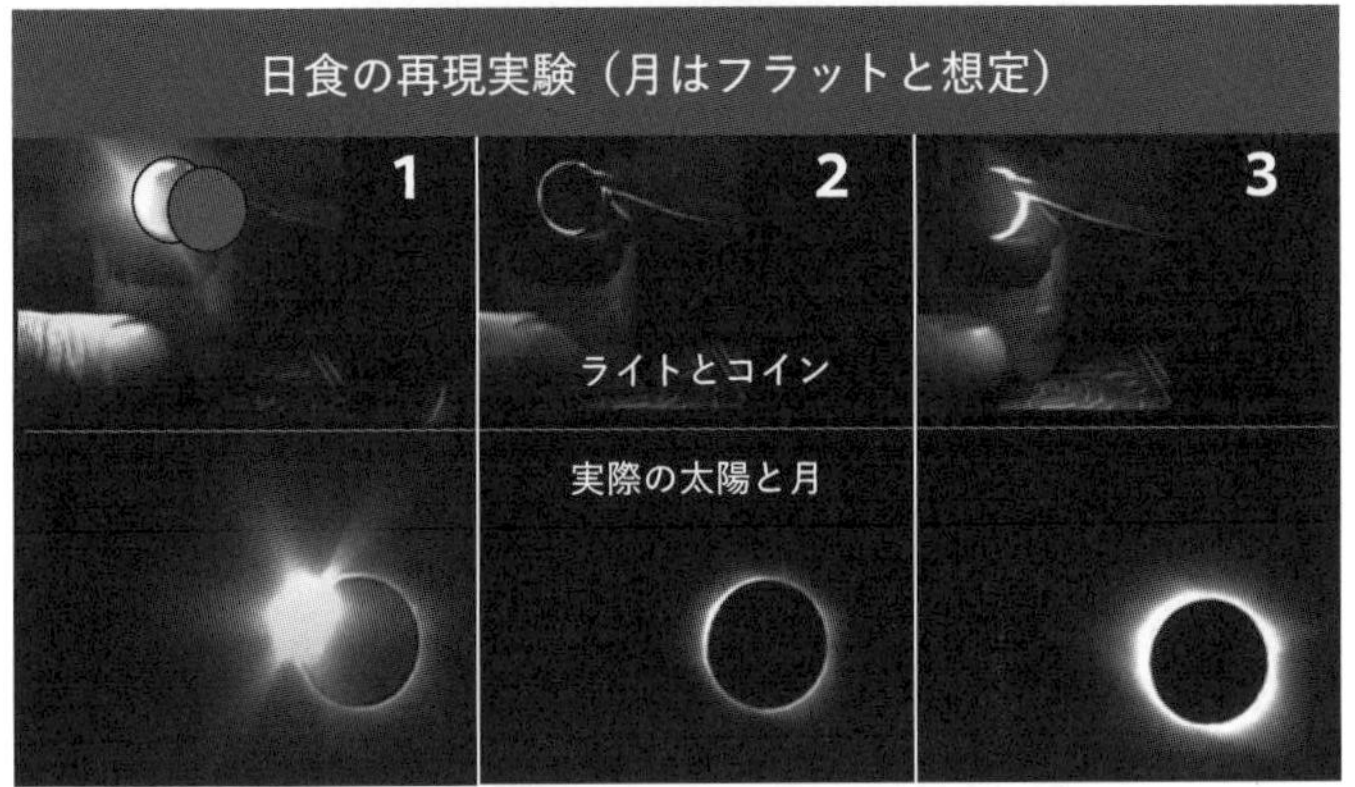

画像： FLAT OUT TRUTH Terry R Eiche　翻訳 ： Mari Love USA

画像： FLAT OUT TRUTH Terry R Eiche　翻訳： Mari Love USA　実験では月を固定

1－22　　※４（43ページ）QR コードの動画参照

【まとめ】天文学へのものすごい違和感

数年前まで私は、政治・医療・食品・教育・マスコミなどに対して何ら疑問を抱くことなく、正当に活動されているものと信じてきました。しかし、ここ数年、世界中で起きているさまざまな出来事の理不尽さと違和感に気づき、つぶさに観察することで、多くの疑問や疑惑が湧き出てきたのです。それはＮＡＳＡをはじめとする天文分野にも広がっていきました。

人間の感覚センサーはすごい！

私がインダストリアルデザイナーとして当初担当した製品にラジカセがあります。その頃は、まだパソコンがない時代で、製品の文字原稿は、製版所に依頼して2倍サイズで印画紙に組んでもらっていました。納品された「文字列」をカッターナイフで台紙から切り取り、デザインレイアウトに沿って糊づけし、自分で何度も確認した後に、上司の確認を取ります。

ある時、上司が「この文字は、少し傾いている」と言うのです。そうかなと思い、再度じっくりと文字のレイアウト原稿を確認すると、0・数ミリ、微妙に傾いていました。こういったことが、その後もたびたびあり、その時に思ったのは、「人間の感覚センサーのなんと微妙で高精度なことか」ということでした。

超高速移動する大地？？？

「人間が大地の動きを全く感じ取れない」実感と、「高速で自転する地球が宇宙空間を超高速移動している」とする宇宙理論との乖離が埋められません。

水平線も地平線もまっすぐに見える！

海岸から見る広々とした海の水平線や、飛行機から見る地平線が、「曲線に見える」と言う人を時々動画で観ることがあります。その人は、本当に自分の感覚で対象物を見ているのだろうか？　と疑問に思ってしまいます。私には、水平線も地平線も直線にしか見えないのです。

えっ、大地って曲がってる？

一般向けカメラのズーム倍率が飛躍的に向上したことで、地球の曲率によって消えたはずの船体を、再び確認できたという事例が急増しています。また、水平飛行を続ける航空機のパイロットが、球体の地球から宇宙へ飛び出ることを恐れ、常に高度を下げ続けるような操作を行ってはいません。これらの現象を、スッキリと説明するには、「大地はフラット」と考えるほうが、納得がいくのです。

太陽や月の大きさと距離も矛盾だらけ！

月が太陽と地球の間に入る「日食」によって生じる地上の「影」の大きさと、その移動方向について、大地が高速移動しているとすると、辻褄が合わないとしか思えないのです。

物ごとの本質をつかむためには、自ら多様な情報に接する機会を増やし、拒絶反応を起こすことなく、ひとつの参考情報としてインプットする。次に関連情報が目の前に現れた時には、自分自身に備わっている全身の感覚センサーをフル稼働させ、違和感を瞬時に感じ取れるよう、自身の感性を磨いておく。そして、さらに深掘りして真実を追究し、自らの意見を持つ。こういった姿勢を持ち続けることが、これからの大切な生き方になっていくのだと考えるようになりました。

次章では、古代から広く受け入れられていた「天動説」が、約５００年前にくつがえされ、現在定着している「地動説」へと移行していった天文学の歴史について、違和感を覚えることが起きていなかったのかを探り、注目すべき点を抽出し、深掘りしてみることにします。

第2章

大地はいつから丸くなったのか？天文学の歴史と科学の闇

いつから地球は、「球体である」と言われるようになったのだろう？

どのような経緯で、「太陽を中心に他の惑星が周回している」と言われるようになったのだろう？

古代、大地は平面で、不動の大地の上で自然とともに暮らす人間のための世界が広がっているとされていました。

それがひっくり返された時の経緯や状況はどのようなものだったのだろう？


そこで今回、古代ギリシャおよび中世ヨーロッパの天文学における「平面大地の天動説」と、「球体地球の地動説」に焦点を当て、歴代の天文学者による考察の推移を調べてみました。


古代から続く学問発展の原点が**天文学**だと言われています。紀元前から大自然の観察に基づいて自然科学や哲学が生まれ、やがて農耕生活と密着した「暦」を作るために、さらに精密な観測が行われてきました。やがて数学、統計学、運動物理学が発展することで、惑星や星座の動きをより正確に予測する研究が進歩してきたのです。

同時に、戦争を開始する時期を決定するために占星術が利用されるようになり、併せて市民生活に密着したより精度の高い「暦」が発布され、天文分野は国の政治にも強い影響力を持つようになりました。そのため、時の権力者は天文学者のパトロンとなり、天文学者が継続して研究を行える環境が整っていきました。

こうして天文学は、国政と深い関わりを持ち、重要な役割を担うようになっていったのです。

天文学者は、自然現象を詳細に観察し続け、やがてその状況を数式で表現することで、宇宙の現象を客観的に把握できるようになりました。しかし、そこには危険な落とし穴が……。何度も行う実験結果が想定した数値に届かない場合には、想定と大きく違う数値を対象外とし、時には理想の数値に書き換え、観測した現象を当初想定した数値に近づける捏造・改ざんなどの不正が意識的に、あるいは無意識の内に行われることもたびたび発生していたのです。

古代から現代に至る天文学の歴史から、現代の天文学への違和感の原点を探し出し、同時に、偉人と言われた方々のデータ不正や、間違いと言われはじめている点も調べてみました。

生活に密着した紀元前の天体観測

これより登場する記号の意味は、左記になります。

◎＝天動説

●＝地動説

◎［静止平面大地中心の天動モデル］

古代世界各地の宇宙観

古代バビロニア、エジプト、ギリシャ、インド、中国、マヤ、ペルシャなどでは、自分たちを取り巻いている宇宙の構造や天体の運行について、自然や神に対する畏敬の念とともに、絵画や口伝による伝承神話として残されてきました。

特に農業にとって、雨期や乾期の正確な時期を知ることは、いつ種まきを行い、いつ最大の収穫を得るための刈り取りを行えばよいのかを決める、いわば生死に直結する問題だったのです。そのため、日々昇る太陽や星の周回を観察し続ける中から、生活に密着した天文学が生まれました。

紀元前２０００年頃の古代エジプトでは、ナイル川が毎年氾濫する時期は、〝星座シリウスが夜明け前に地平線から現れる6月〟であることが知られていました。ブドウの木を剪定（せんてい）するのは、〝うしかい座アルクトゥルスが日の入りの時に昇って来る時季〟であり、畑を鍬（くわ）で耕作しはじめるのは、〝星座すばるが日の出に伴って沈む時候〟であることを知っていたのです。

天体の位置や運行を詳細に記載した暦表「エフェメリス」が、古代バビロニアや、古代ギリシャで使用されはじめました。日の出、日の入りや、月の出、月の入りの時刻予測は、祭や宗教儀式などに利用されました。

その時代の宇宙観は、「地平天球説」や「地平天平説」でした。いずれも「地球中心説」であり、体験に基づく実感を伴う宇宙の体系だったのです（２－１）。

古代の宇宙観は、静止平面大地中心の天動説だった
インカ、イスラム、マヤ、エジプト、
ヒンドゥー、バビロン、ケルト、ノルウェー、ヘブライ

2－1

古代ギリシャ時代　紀元前８００年～紀元前３３０年頃[注]

注：年代区分は諸説あり

古代ギリシャでは、いわゆるギリシャ文明が発展しました。

紀元前8世紀頃には、フィニキア文字をベースとしたギリシャ文字やアルファベット文字が生み出され、広く使用されるようになっていきました。その後、紀元前6世紀まで大植民地活動が続き、経済的な豊かさとともに市民活動が活発化し、小規模共同体のポリス誕生に結びついていきます。そして、紀元前３３０年、アレクサンドロスがアケメネス朝を滅ぼすことで、ギリシャから中央アジアまで広がるアレクサンドロス帝国が生まれ、交易が盛んになり、ギリシャの都市同盟がさらに充実していったのです。

そのような社会状況において、星々の運行の観測が続けられ、天文学や哲学、暦学、占星術として幅広い研究の成果が公表されるようになりました。

また、その頃の数学には、ゼロの文字がありませんでした。そのため、ギリシャ文字による複雑な計算が必要でした。

紀元前1800年頃のバビロニア人が、「位取り記数法」として数字のない空位を利用して、季節や年数の計算をはじめました。その表記方法では、空白を入れていましたが、間違いやすいことから、斜線2本「⁄⁄」を利用し、初めてゼロの概念を文字で表現したのです。

この位取りのためのゼロに対し、ギリシャでは「O」オー（オミクロン）の文字を当てはめました。しかしギリシャ人は、何もない状態を認めることができず、ゼロの概念に対して否定的に接することになりました。「地球を中心に世界は動いており、宇宙に何もない状態は存在しない」と考えたのです。

その後、数学におけるゼロの概念は、西暦628年頃、インドの天文学者ブラフマグプタの著作で初めて抽象的な量として扱われ、加減乗除のルールが生み出されました。

アナクシマンドロス（紀元前６１０年頃～紀元前５４６年）

◎［浮遊静止平面大地中心　天動モデル］

トルコの西海岸イオニアで、古代ギリシャの学問が盛んになり、イオニア派を代表する哲学者のアナクシマンドロスは、古代に伝わった「平面大地中心説」をもとに、天体を体系立てて論じる説を生み出しました。

その説によると、大地は平らな円盤状であり、大地は何ものにも支えられず宙に浮いているとし、太陽や月や星が上空を周回しているとしました（2－2）。アナクシマンドロスの「宙に浮く大地」の考え方は、その後の天文学の基本概念となっていきました。

その影響は、ピタゴラス学派の地動説による宇宙論や、地球球体説を唱えたエウドクソス、同心円による天球構造を唱えたアリストテレスにまで及び、その後のギリシャ天文学の集大成とされているプトレマイオスによる天動説の体系へとつながっていきました。

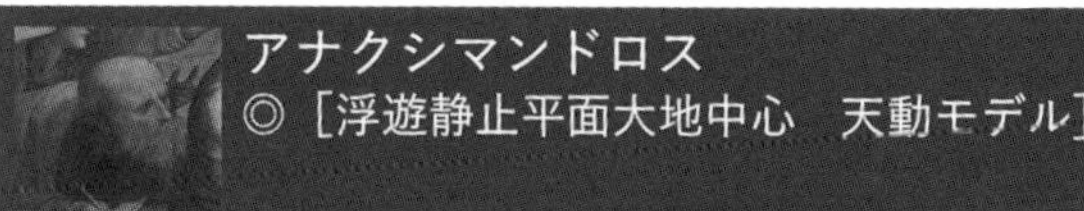

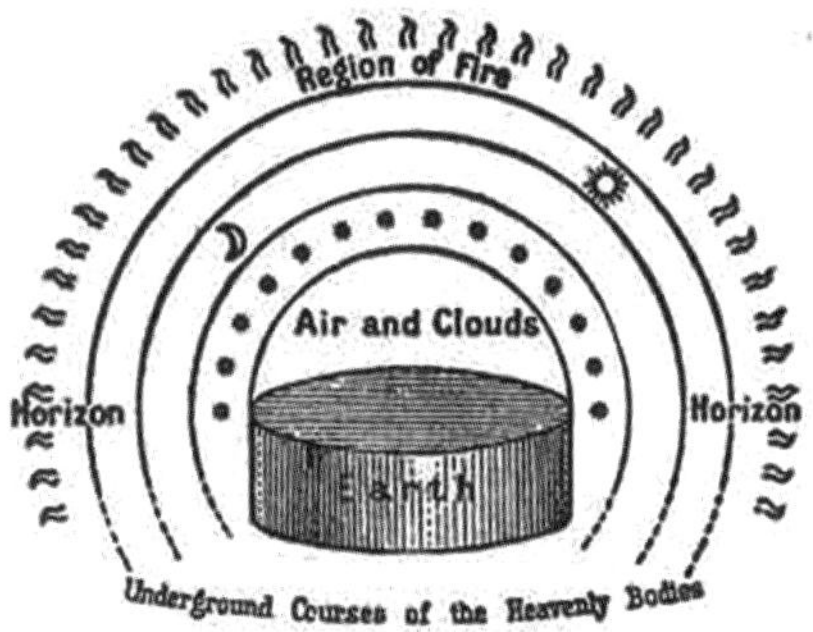

"Dante and early astronomers" by M. A. Orr, 1913.

ガリバー旅行記の「空飛ぶ島」は
浮遊する大地のイメージを転用している

2－2

ピタゴラス　（紀元前５８２年〜紀元前４９６年）

●［自転地球中心　地動モデル］

古代ギリシャの数学者・哲学者のピタゴラスは、イタリアで秘密主義の教団を立ち上げ、その政治思想は危険視され、たびたび弾圧されていました。そのために、弟子たちは何度も焼討ちに遭い、ピタゴラスも焼死したのではないかと言われましたが、その秘密結社は沈黙を守り続けたため、真相は不明です。

ピタゴラスは、教団とともに「ピタゴラス派」と呼ばれる数学を重んじる集団を組織し、そこで**初めて自転する地球の「地動説」を主張**しました。

〝地球は球体であり、他の天体と同じく円運動をしている〟と唱え、また自転や公転によって、全ての物はその中心に対して球対称に分布し、円軌道上を移動していると考えました。

世界で最も美しい調和が取れた形状は円や球である、とする考え方は、その後のギリシャ社会に広まっていきました。

フィロラオス（紀元前４７０年頃～紀元前３８５年）

●「中心火中心・地球　地動モデル」

ピタゴラス派の数学者・哲学者のフィロラオスは、地球は宇宙の中心ではなく、宇宙を動かす仮想の炎「中心火」を中心に、10個の天体（反地球、地球、月、太陽、水金火木土、恒星球）が周回しているという説を唱えました（2－3）。

「中心火」と地球との間には、地上からは見ることができない、夜を生み出す「反地球」が存在するとしました。10という数字には特別な意味（例：1＋2＋3＋4＝10）があるとして、架空の天体（反地球）を加え、10個が周回していると唱えたのです。

地球と同サイズの反地球が周回しているアイデアは、手塚治虫の漫画『ロック冒険記』や、その他多数のアニメや小説で取り上げられるテーマとなっています。

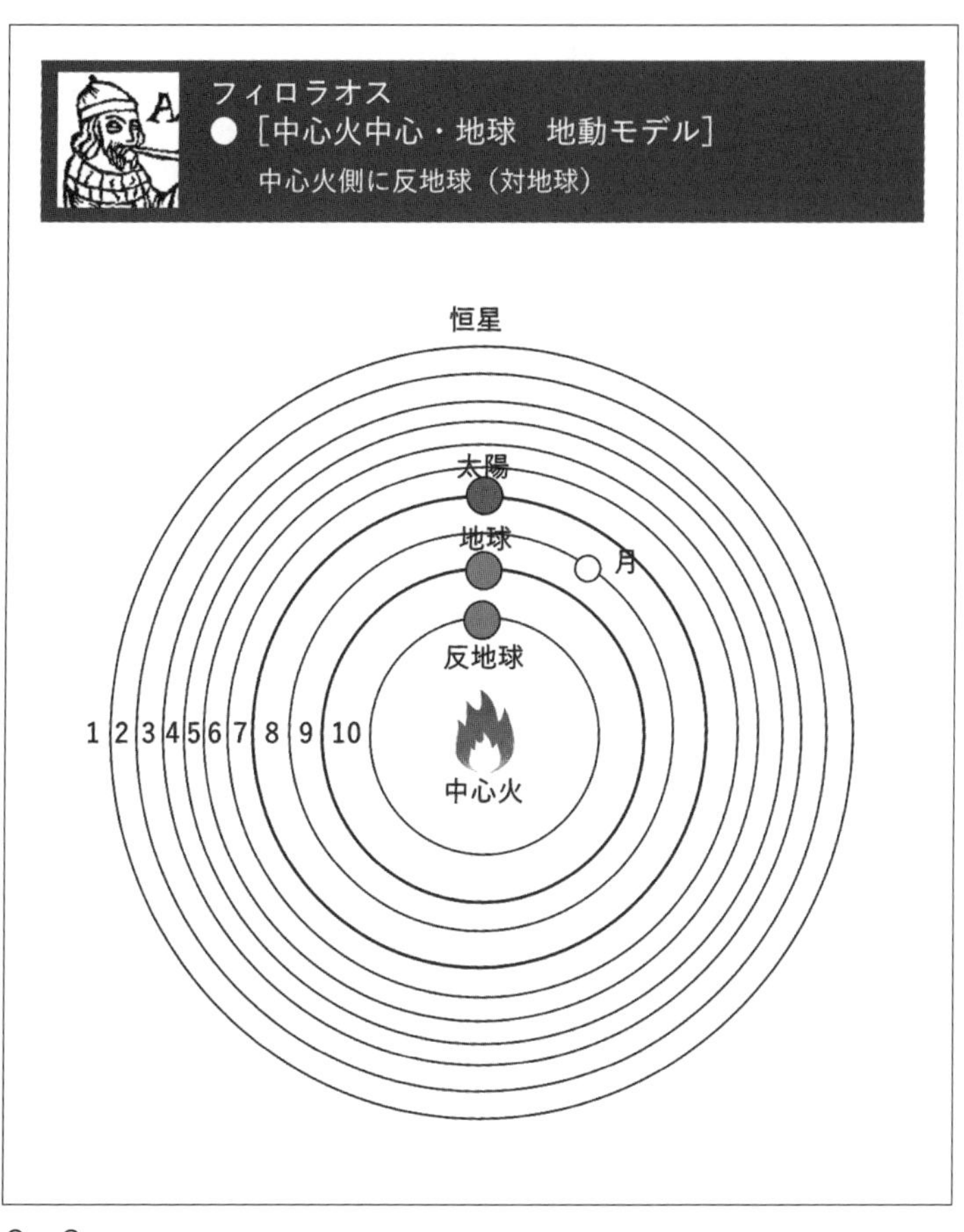
フィロラオス
●［中心火中心・地球　地動モデル］
中心火側に反地球（対地球）
恒星
太陽
地球
月
反地球
1 2 3 4 5 6 7 8 9 10
中心火

２－３

エクファントス（紀元前４００年頃）

●［自転地球中心　同心天球　地動モデル］

ピタゴラス派の哲学者エクファントスは、〝自転する球体地球が宇宙の中心である〟としました。広大な天球を１日に１回転させるよりも、中心の地球が回転する日周運動を説明するほうが現実的と考えたのです。

惑星の運動に関する言及はありませんでした。

プラトン（紀元前４２７年〜紀元前３４７年）

◎［静止地球中心　同心天球　天動モデル］

哲学者ソクラテスの弟子であり、アテネの貴族出身の哲学者プラトンは、〝宇宙は不動の球体地球を中心とした天球の集合体であり、太陽や月や惑星が同心円を描いて回転している〟としました。

望遠鏡がなく、惑星に衛星が存在していることを知らず、万有引力の法則もない時代にもかかわらず、静止状態の「球体地球」を表明していたのです。

エウドクソス（紀元前４０７年頃～紀元前３５５年頃）◎［静止地球中心　同心天球　天動モデル］

プラトンの哲学を学んだ数学者・哲学者のエウドクソスは、**天動説を体系立てた始祖**とみなされています。〝天体は完全な球体であり、不動の球体地球を中心に各星に割り当てられた同心円の天球が安定して回転している〟天動説を唱えました（2－4）。惑星の「**順行***」や「**留**（りゅう）*」、「**逆行***」については不完全ではあるものの、幾何学的に明確に説明されていました。

惑星の逆行運動を説明するために、エウドクソスは、一つの惑星に4個の同心球を割り当てました。（4個×5惑星＝20個の同心球）、太陽に3個、月に3個、恒星球に1個、合計27個の同心球が必要でした。

またエウドクソスは、円錐の体積の算出方法の考案者としても有名です（円錐の体積＝円柱の底面積×高さ×１／３）。

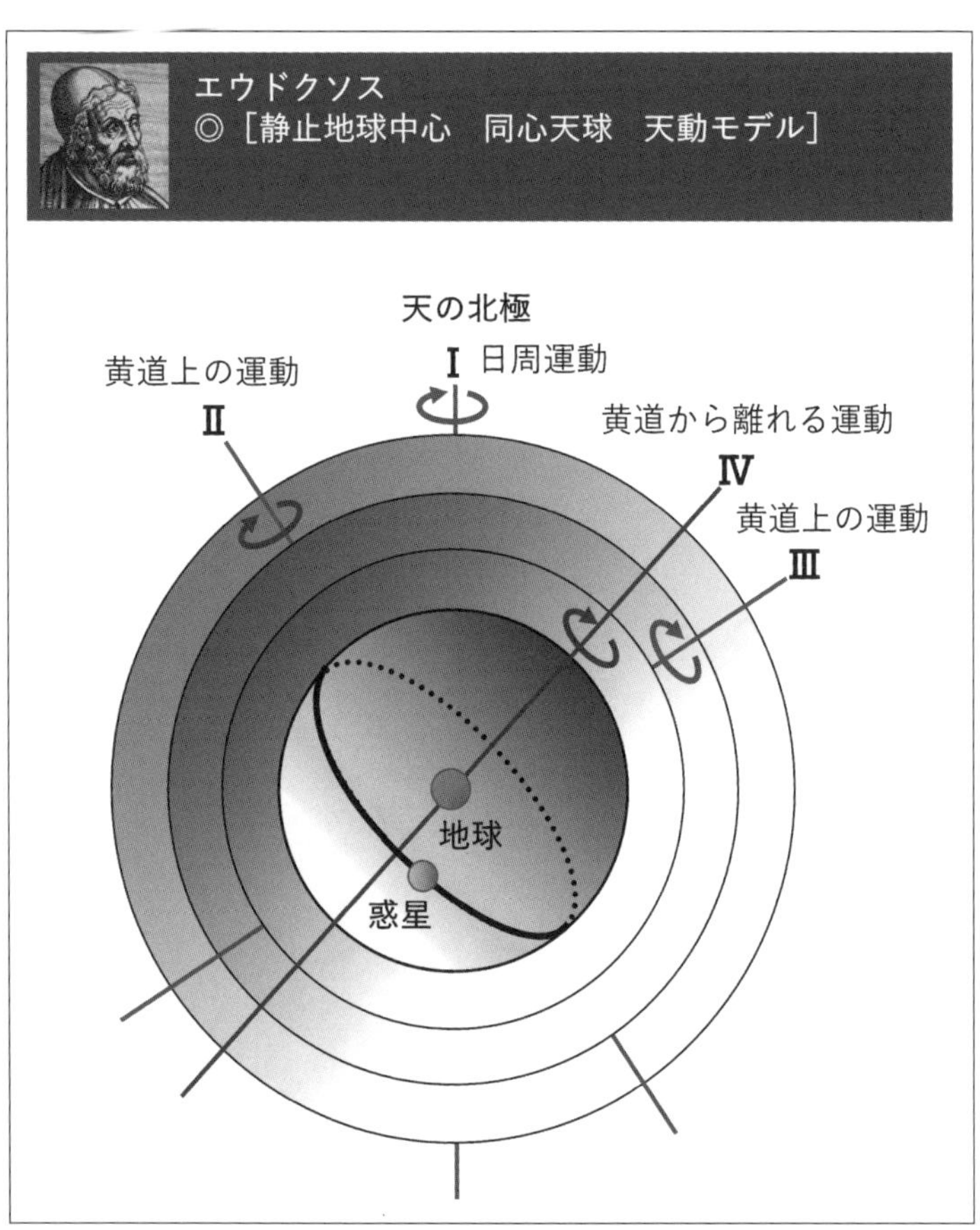
エウドクソス
◎［静止地球中心　同心天球　天動モデル］
天の北極
Ⅰ 日周運動
黄道上の運動
Ⅱ
黄道から離れる運動
Ⅳ
黄道上の運動
Ⅲ
地球
惑星

2－4

＊順行　通常の方向への惑星の動き。
＊留　順行と逆行との間に至るまでの滞留期間。
＊逆行　突然進行が逆方向に向かう動き。その後、惑星は、また元の方向に進行する。

ヘラクレイデス（紀元前３８７年～紀元前３１２年）

●［自転地球中心　＆　一部太陽中心　地動モデル］

古代ギリシャの哲学者ヘラクレイデスは、地球が約24時間で地軸を中心に自転していると唱えました。〝地球が宇宙の中心にあり、地球のまわりを太陽、月、火星、木星、土星が回転し、金星と水星は太陽のまわりを周回している〟としました（２－５）。この説は、水星と金星が常に太陽の近くに現れ、他の惑星は太陽から離れて夜間に確認できる状況を明快に説明しています。

しかしこの説に対して、他の研究者から、２つの疑問が提起されました。それは自転しているにもかかわらず、物が垂直に落下すること、太陽の公転によって夏と冬に地球の向かう方向が反対側になっても、恒星の位置の変化である「**年周視差**」（２－６）が観測できない点でした。

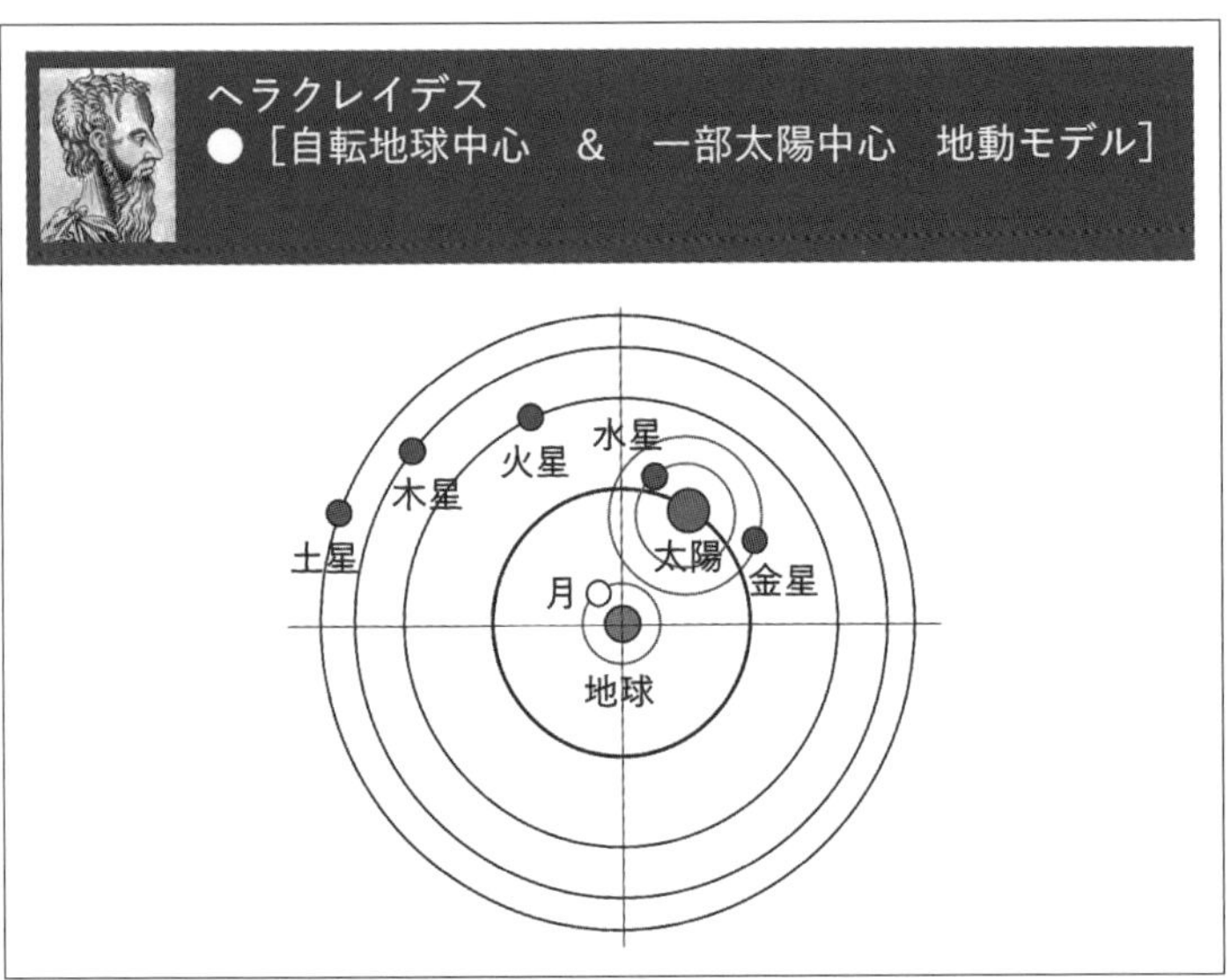
ヘラクレイデス
●［自転地球中心　&　一部太陽中心　地動モデル］
水星
火星
木星
土星
太陽
金星
月
地球

2－5

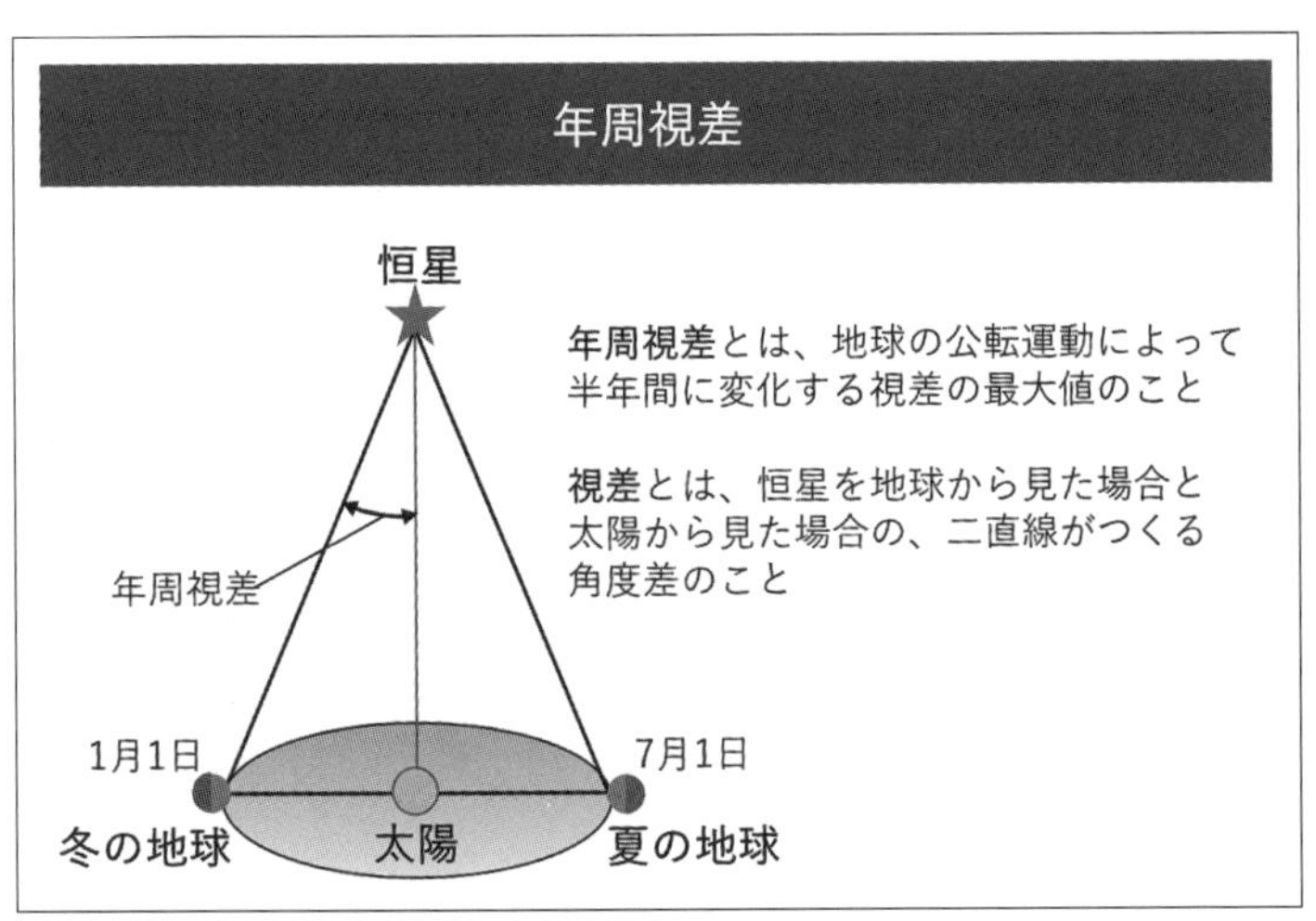
年周視差
恒星
年周視差とは、地球の公転運動によって
半年間に変化する視差の最大値のこと
視差とは、恒星を地球から見た場合と
太陽から見た場合の、二直線がつくる
角度差のこと
年周視差
1月1日
7月1日
冬の地球
太陽
夏の地球

2－6

アリストテレス（紀元前３８４年～紀元前３２２年）

◎［静止地球中心　同心天球　天動モデル］

古代ギリシャの哲学者アリストテレスは、天動説を体系立てて述べた始祖エウドクソスの考えを引き継ぎ、発展させました。

〝宇宙の中心には不動の球体地球があり、同心円が階層的に重なっている〟としました（２－７）。同心円の各層の天球には、月、水星、金星、太陽、火星、木星、土星と、さらにその外側には、大量の恒星が張り付いている天球が配置されており、１日に約１回転していると考えていたのです。

アリストテレスは、「物には、重さが中心に向かって引っ張られる性質がある」とする理論によって球体地球が成立していると説明しており、〝万物が引き合う〟とするニュートンの万有引力を先取りした考えでした。しかし、この中心に向かう力は、地球のみに限定して考察されていたところが、宇宙にも適用できるとしたニュートンとの相違点でした。

〝宇宙は球状の外殻を持つ球体〟と考え、古代における「球体の同心天球による天動説」の基本形を完成させました。

アリストテレス
◎［静止地球中心　同心天球　天動モデル］

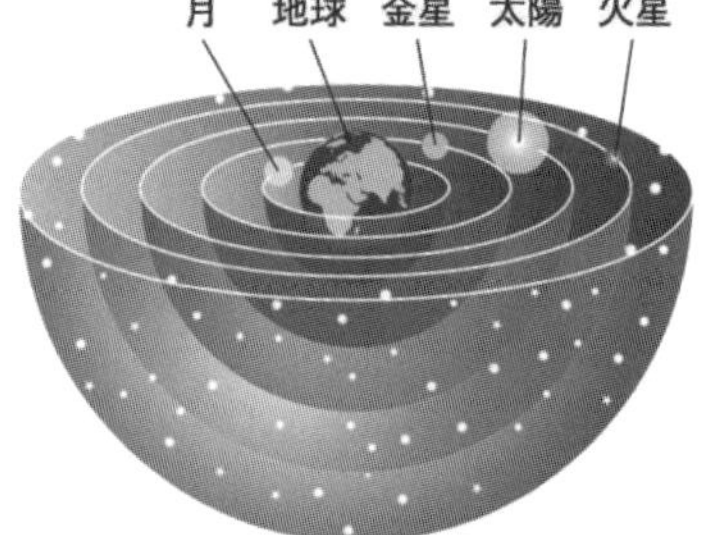

『Harmonia Macrocosmica』より　著者：Andreas Cellarius
1660年にJohannesJanssoniusによって公開された星図

2－7

アリストテレスは、宇宙の四大元素を「土」「水」「空気」「火」として、相互に移り変われるとしました。これを現代風に解釈すると、「個体」「液体」「気体」「プラズマ」に当てはまります。

そして、月から上の宇宙は、不変の第五元素「エーテル」によって満たされ、惑星などが安定した円運動を行っているとしました。

アリストテレスの師匠であるプラトンは、対話によって真実を追究する思考法でしたが、アリストテレスは、より分析的であり、論理学において観察を重視しました。そして、一般論や普遍的な事実を積み重ねて結論を得る演繹（えんえき）的手法の「三段論法」等を体系化しています。

しかし、アリストテレスは、人工的に作り出した実験装置による検証結果に興味を示すことはありませんでした。そこには、現代科学で重要視されている手法が欠けていました。自分の理論を、実験や観察で再確認する姿勢が欠如しており、自らの主張の正しさを検証することさえも行われることがありませんでした。

その後、ガリレオ・ガリレイが、実験や観察によって理論を再確認する現代科学の研究手法を確立したとされています。実験装置で何度も取得したデータをもとに、理論を数式で確認する現代科学の手法との違いを、アリストテレスの観察手法に見出すことができます。

ヘレニズム時代　紀元前323年〜紀元前30年頃

マケドニア（現在の北マケドニア共和国と南部のギリシャ）の王であったアレクサンドロスは、ギリシャを統一した後、紀元前３３４年に東方遠征を開始しました。その結果、中央アジアまでの広い範囲［ギリシャ、マケドニア、小アジア（現トルコ）、シリア、エジプト、イラン、中央アジア（現ウズベキスタン、タジキスタン、トルクメニスタン、キルギス、カザフスタン）］を統治下に収めました。それにより、ギリシャの文化が広く中央アジアまで届くようになったのです。

その後、アレクサンドロス帝国が、紀元前３２３年に滅びたことで、ギリシャ文化とオリエント文化が融合し、自然科学に多くの業績を残したヘレニズム時代を迎えることになりました。

アリスタルコス（紀元前310年頃～紀元前230年頃）

●［静止太陽中心　公転地球　地動モデル］

「宇宙の中心には地球ではなく太陽が位置している」とする**「太陽中心説」を史上初めて唱えました**（2－8）が、周囲から強い反発があり、受け入れられることはありませんでした。古代後期や中世の一部で言及されることはありましたが、その後コペルニクスが「太陽中心の地動説」を唱えるまで、約1400年間の長期にわたり、ヘラクレイデスやアリスタルコスの「地動説」が再び注目されることはありませんでした。

その第一の理由は、地球が動いているにもかかわらず、恒星の位置に全く変化が見られない「年周視差」問題でした。「視差」とは、恒星を地球から見た場合と、太陽から見た場合の二直線がつくる角度差です。「年周視差」とは、地球の公転運動によって半年間に変化するその最大値のことです。

アリスタルコスが〝自転を唱えた〟とウィキペディア等に記述がありますが、

アリスタルコス
● ［静止太陽中心　自転地球　地動モデル］
不動の太陽のまわりを惑星が公転していると
初めて地動説を主張した
火星
木星
土星
水星
太陽
月
金星
地球

２－８

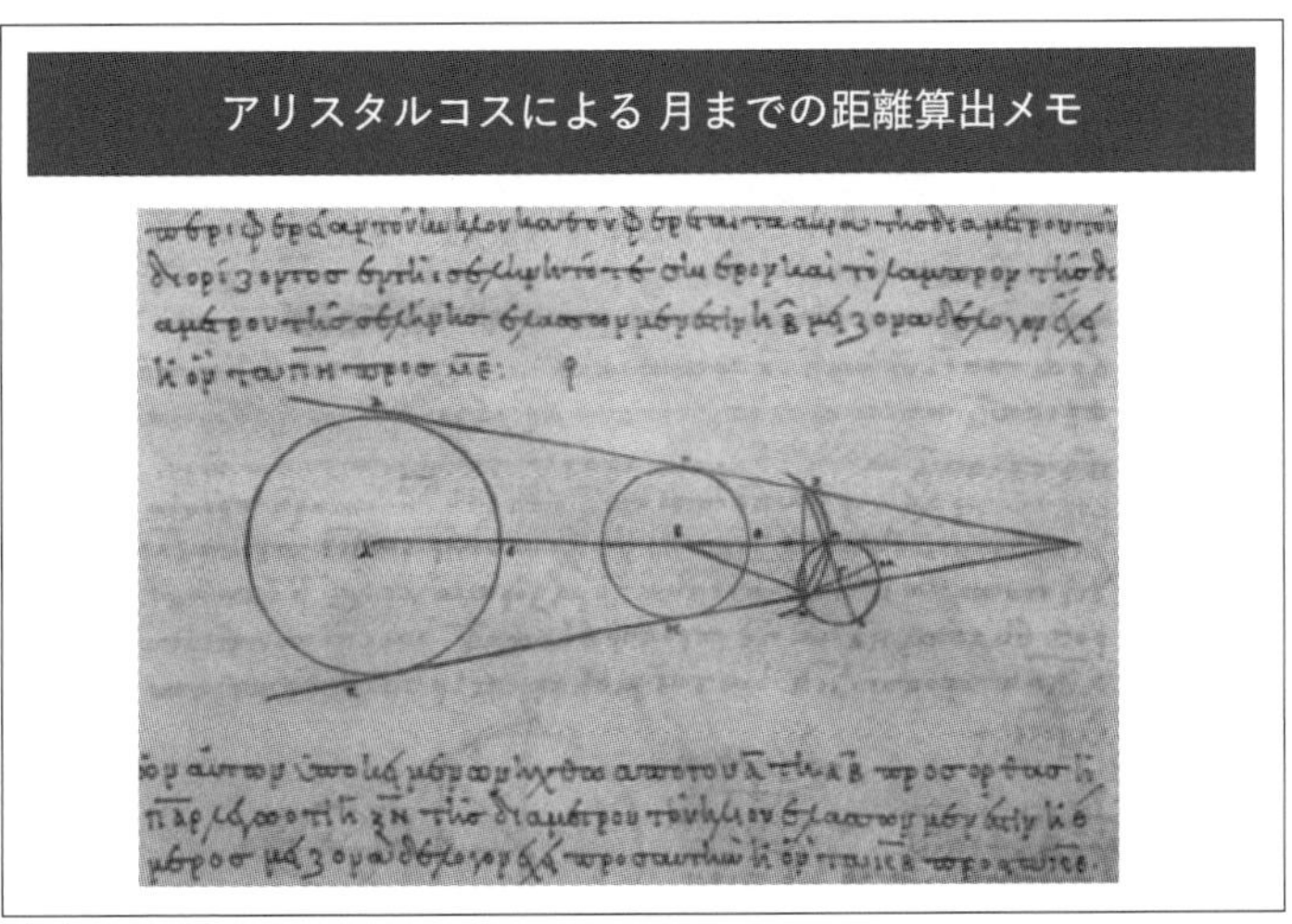
アリスタルコスによる 月までの距離算出メモ

２－９

「自分の軸を中心にして回転してもいるのではないか」（地球の軸を中心に回転しているのではないか：著者追記）**と考えていたことを示す記録は存在しない。**

『科学の発見』スティーヴン・ワインバーグ著、Ｐ１２２

とされています。

また、アリスタルコスは、太陽や月の大きさと、地球までの距離を算出して注目されました（2－9）。月食時の配置から、地球の直径は月の直径の約3倍としました（現在一般的には、約4倍とされています）。

さらに、太陽までの距離を割り出しました。その算出方法は、月が半月の時に太陽と月と地球がほぼ直角三角形になるため、地球から見た時の月と太陽による角度（離角）は、約87度だとみなし、太陽は月より約18倍から20倍遠い距離にあるとしました。

現在この距離は、約４００倍遠いとされていますが、違いの原因は、目視による低い観測精度のためといわれています。

エラトステネス（紀元前275年～紀元前194年）

◎［静止地球中心　同心天球　天動モデル］

ヘレニズム時代のエジプトで活躍したギリシャ人の学者（特に数学と天文学）エラトステネスが考えた地球を取り巻く宇宙は、〝水、大気、火、天体による同心円の球殻が重なっている〟というモデルでした。

地球の大きさは、天球（球殻）と比べると、極小だと考えられるため、太陽の光は場所によらず、ほぼ平行に降り注いでいると考察しました。

エラトステネスは、**地球の大きさを初めて測定した**として有名です（2－10）。その観測方法は、夏至の正午に北回帰線上に位置するシエネ（現在のアスワン）近郊のエレファンティン島と、約925㎞北に離れたアレクサンドリア間で同時刻に影の長さを計測し、2点間の距離は、円周長の約50分の1に相当すること（7度12分）を確認し、地球の全周長（南北の子午線）を4万6000㎞＝925㎞×50としました（現在公表されている南北に走る子午線の全周は約4万9㎞、赤道の全周は約4万75㎞とされています）。

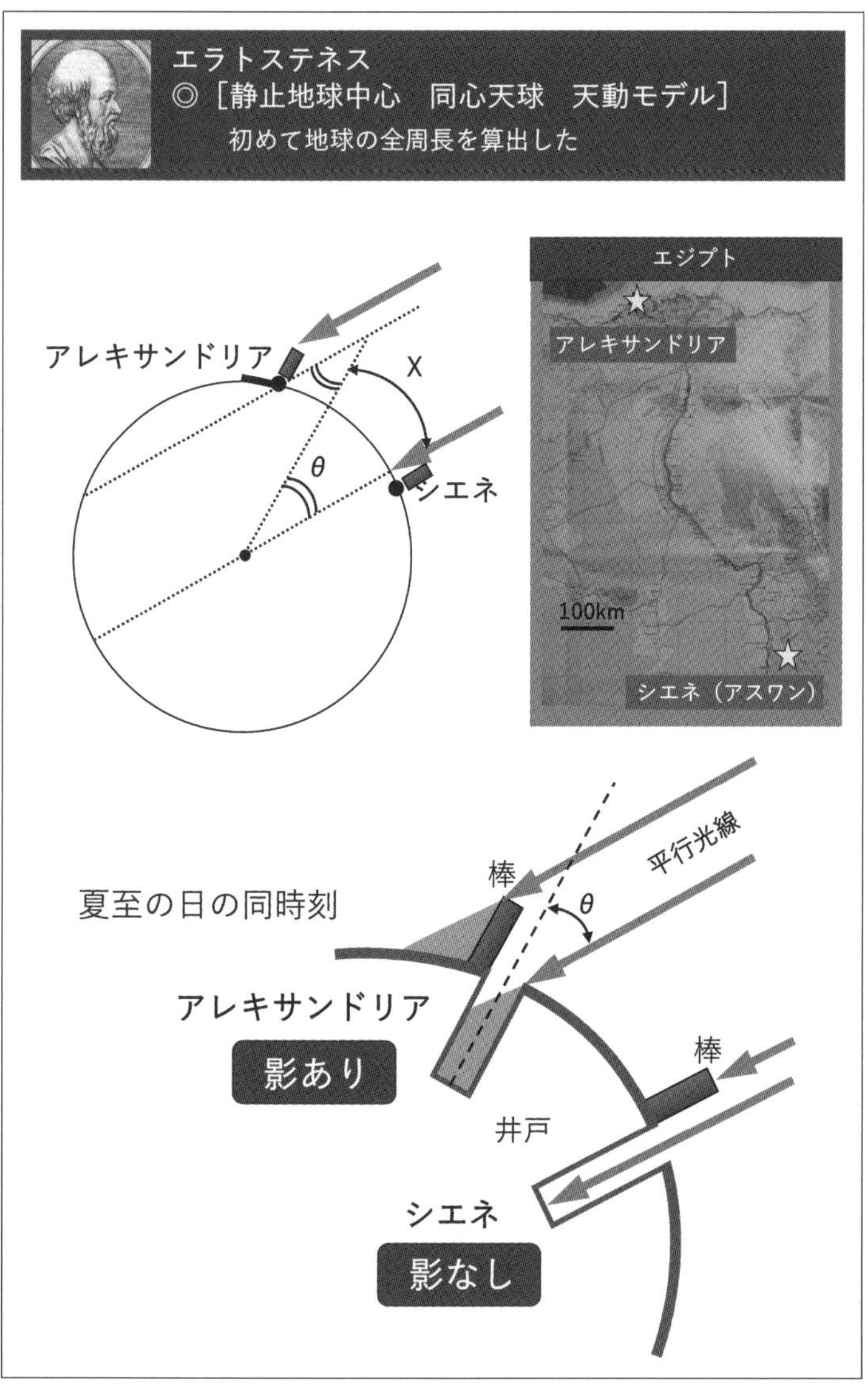
エラトステネス
◎［静止地球中心　同心天球　天動モデル］
初めて地球の全周長を算出した
アレキサンドリア
X
θ
シエネ
エジプト
アレキサンドリア
100km
シエネ（アスワン）
夏至の日の同時刻
棒
平行光線
θ
アレキサンドリア
影あり
棒
井戸
シエネ
影なし

2－10

古代ローマ時代　紀元前７５３年～西暦４７６年

紀元前７５３年に建国されたといわれているローマは、紀元前２６４年の第１回ポエニ戦争から紀元前１４９年の第３回ポエニ戦争、および紀元前60年からの３頭政治を経る中で、徐々に領土を拡大し、シリアからフランス周辺までを統治するようになり、紀元前30年には、地中海沿岸一帯の統一を実現しました。

政治形態で見ると、紀元前５０９年「共和政ローマ」がはじまり、紀元前２７年の初代皇帝アウグストゥスの即位から「帝政ローマ」時代となりました。初期には、奴隷が導入され商業が発展していましたが、その後「ローマの平和」によって奴隷解放が行われ、西暦２１２年には、帝国内の全市民に市民権が与えられます。そして、「帝政ローマ」は、市民参加型の大変豊かな文化を育む時代を迎え、多くの優秀な哲学者や天文学者等を生み出していったのです。

古代ギリシャの哲学者アリストテレスは、「各惑星が属している各天球は、地球との距離が常に一定である」としていました。しかし、観測精度が向上するにつれ、各惑星の明るさや大きさが変化していることが知られるようになりました。そのため「同心天球説」に基づく軌道の「予測値」と「実測値」の差が明らかになっていきました。

西暦100年頃の哲学者ソシゲネスは、天体現象について、以下のように述べています。

「惑星が近づいたり遠ざかったりするように見えるということである。惑星によっては、違いは目に見えるほど明らかである。金星と火星は、逆行運動の最中にある時には、ふだんの何倍も大きく見える。金星は、新月の晩に影を投げかけるほど明るくなる」

現在の解釈では、地球に惑星が接近するために惑星がより明るく見え、惑星の満ち欠けの影響によってその見た目の大きさが変わるのだとされています（2−11）。

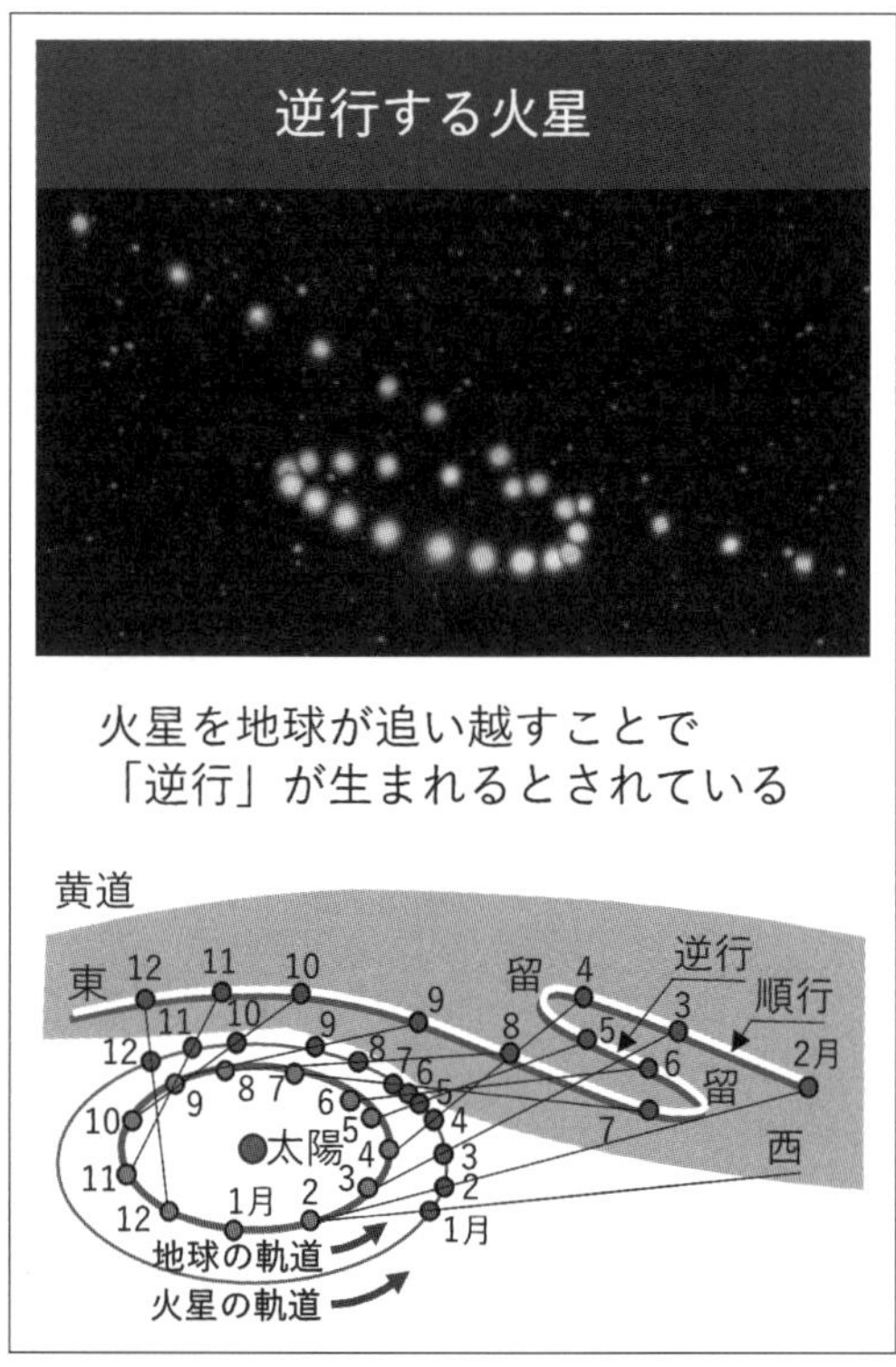

2−11

アポロニウス（紀元前２６２年頃〜紀元前１９０年頃）

◎［静止地球中心　天動モデル］

ローマ帝国期の都市ペルガ（現トルコの南西部）の数学者・天文学者アポロニウスは、天動説における惑星の順行、留、逆行を説明するために地球を周回する「**従円**＊」を導入しました（２—12）。

従円上を「**周転円**＊」の中心が等速円運動し、その「周転円」上を惑星が等速円運動しているとすることで、惑星の不思議な逆行や留の動きを説明できるようになりました。

＊従円　太陽との相対的な位置関係があり、周転円の中心が通る大きな円。
＊周転円　太陽との位置とは無関係に、大きな従円の円周上を回転しながら通過する小さな円。

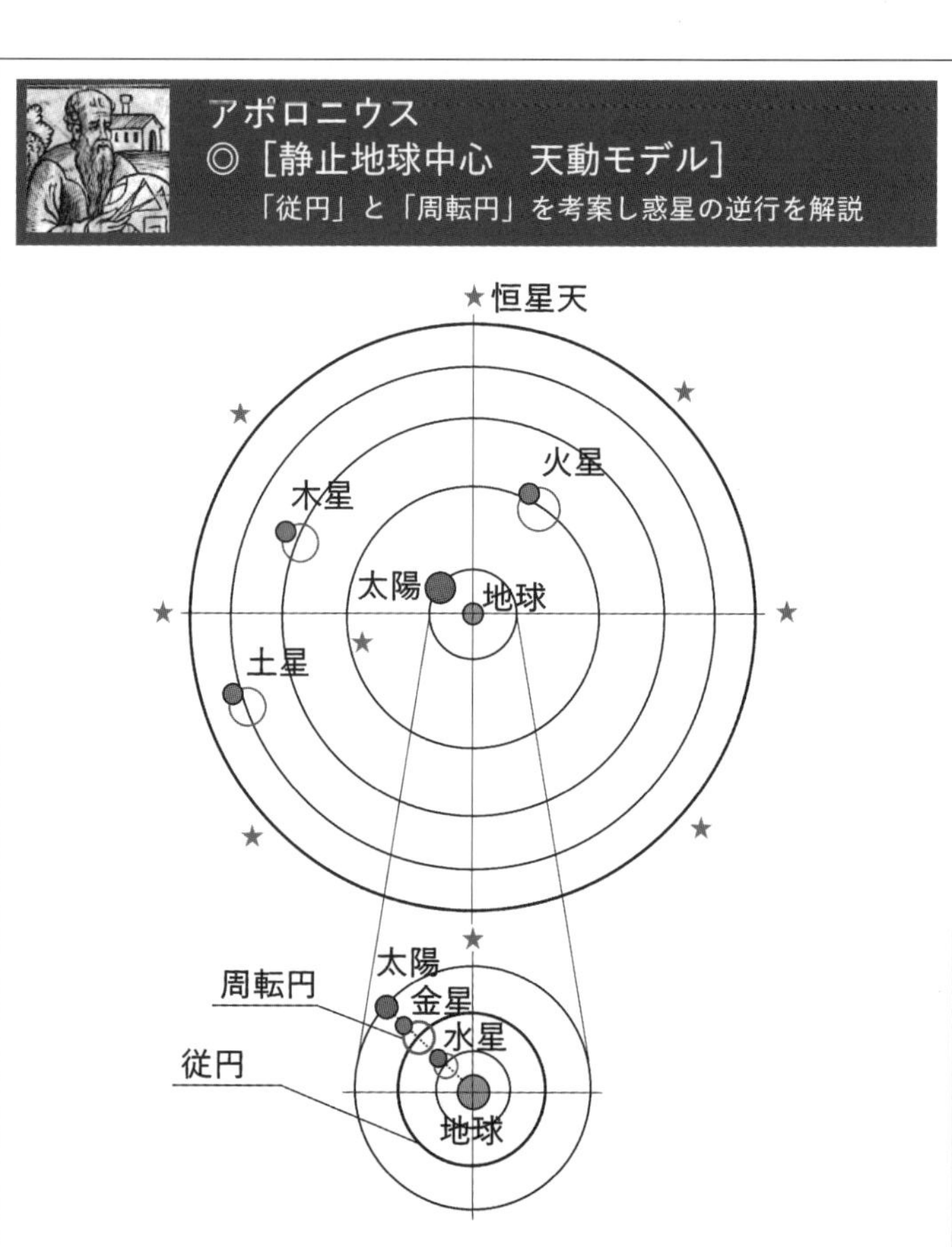

参照：『宇宙地球科学』杉本大一郎・浜田隆、1975、東京大学出版会

2－12

ヒッパルコス（紀元前190年頃～紀元前120年頃）

◎［静止地球中心　天動モデル］

ギリシャの天文学者ヒッパルコスは、アポロニウスが唱えていた「従円」と「周転円」の考え方を数理的に解き明かすことによって古代天文学を体系化しました（2－13）。その成果は、プトレマイオスの宇宙体系に採用され、その後約1400年間、天動説が支持される基軸となったのです。

ヒッパルコスは、現代にも続く、いくつかの大きな業績を残しています。

例えば、今でも利用されている恒星の明るさを分類する方法です。肉眼で見える約4300個の中で、最も明るく光る星（21個）を1等星とし、暗い星を6等星としました。現在は、1等星よりも明るい星として0等星からマイナス4等星が追加されています（金星の見かけの等級は、マイナス4・2等星）。暗い中での観測精度が高くなったため、7等星以上も設定されるようになっています。

また、日食時の地上2地点間における、太陽と月と地球の角度を観測することによって、地球から月までの距離は、地球の半径の約71倍から83倍まで変化するとしました（1969年に実施された月レーザー測距によると約60・27倍）。

そして特に大きな成果は、春分点・秋分点が1年ごとに前進しており、100年間に約1度移動する「春分点歳差運動」を発見したことでした。

さらに、黄道（太陽が天空を通る軌跡）の傾斜角（地動説では地軸の傾きに相当）を23・4度と算出し、現在も用いられています。しかし、この値は年々変化しているため、国際天文学連合（IAU）は、2000年1月1日12時（UT）における黄道の傾斜角を、23度26分21・406秒＝8万4381・406秒（誤差は＋－0・001秒）としました。

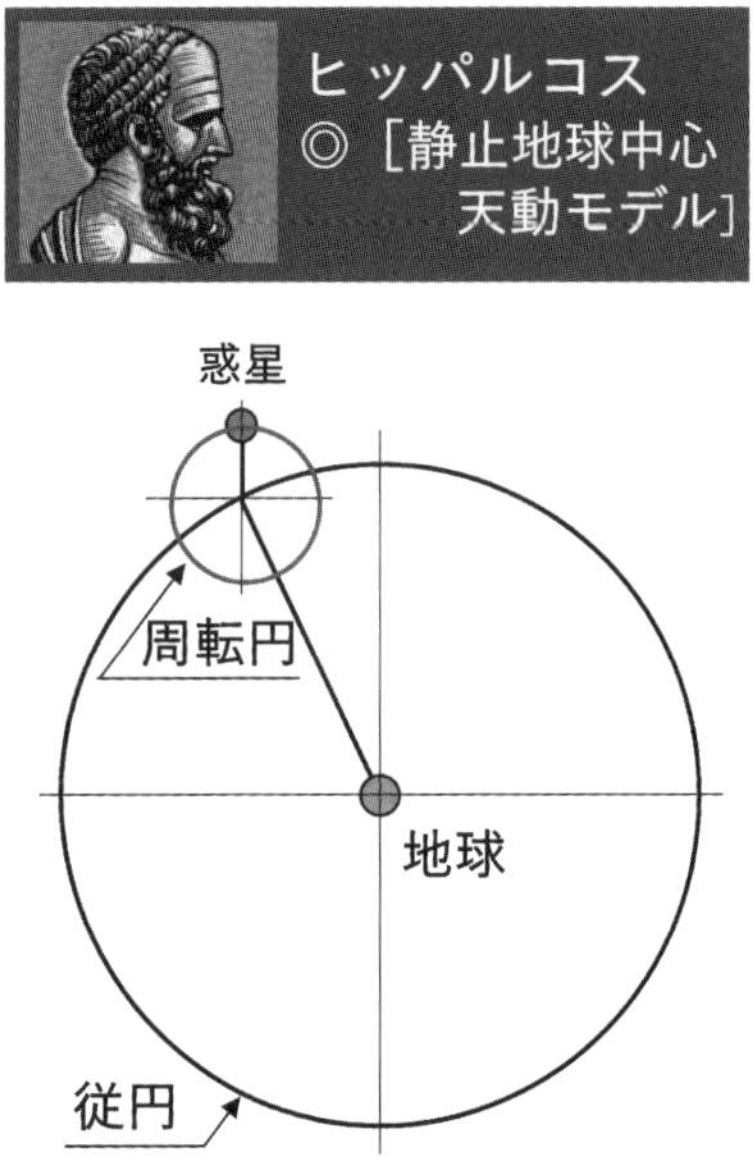

ヒッパルコス
◎［静止地球中心天動モデル］

惑星
周転円
地球
従円

ヒッパルコスは、アポロニウスの「従円」「周転円」を数理的に解き明かし体系化した

2－13

プトレマイオス（西暦83年頃〜西暦１６８年頃）

◎［静止大地中心　天動モデル］

エジプトのアレクサンドリアに居たプトレマイオス（数学・天文学・占星学・音楽学・光学・地理学・地図製作学など幅広い分野にわたる業績を残した古代ローマの学者）は、ヒッパルコスの「従円」と「周転円」を加えた宇宙観を基本に、古代ギリシャの天動説による天文学を集大成した13巻の著書『アルマゲスト』（地球中心の天動説）を発表しました（2世紀頃）。

この著書の中で、地球から見た天体の速さの変化を円運動で説明するために、「**離心円**＊」と「**エカント**＊」の考えを採用しました（2－14）。その結果、星座の運行において、今までにない高い予測精度を実現することができたのです。天体の軌跡を高度な数学体系で記したこの天動説は、以降約１４００年間も支持され続けていきました。

＊離心円　惑星は、地球中心ではなく、地球から少しずれたところを中心とした離心円をまわっている。

＊エカント　惑星が動く速度は、エカントと呼ぶ点から見て一定の速度になる。

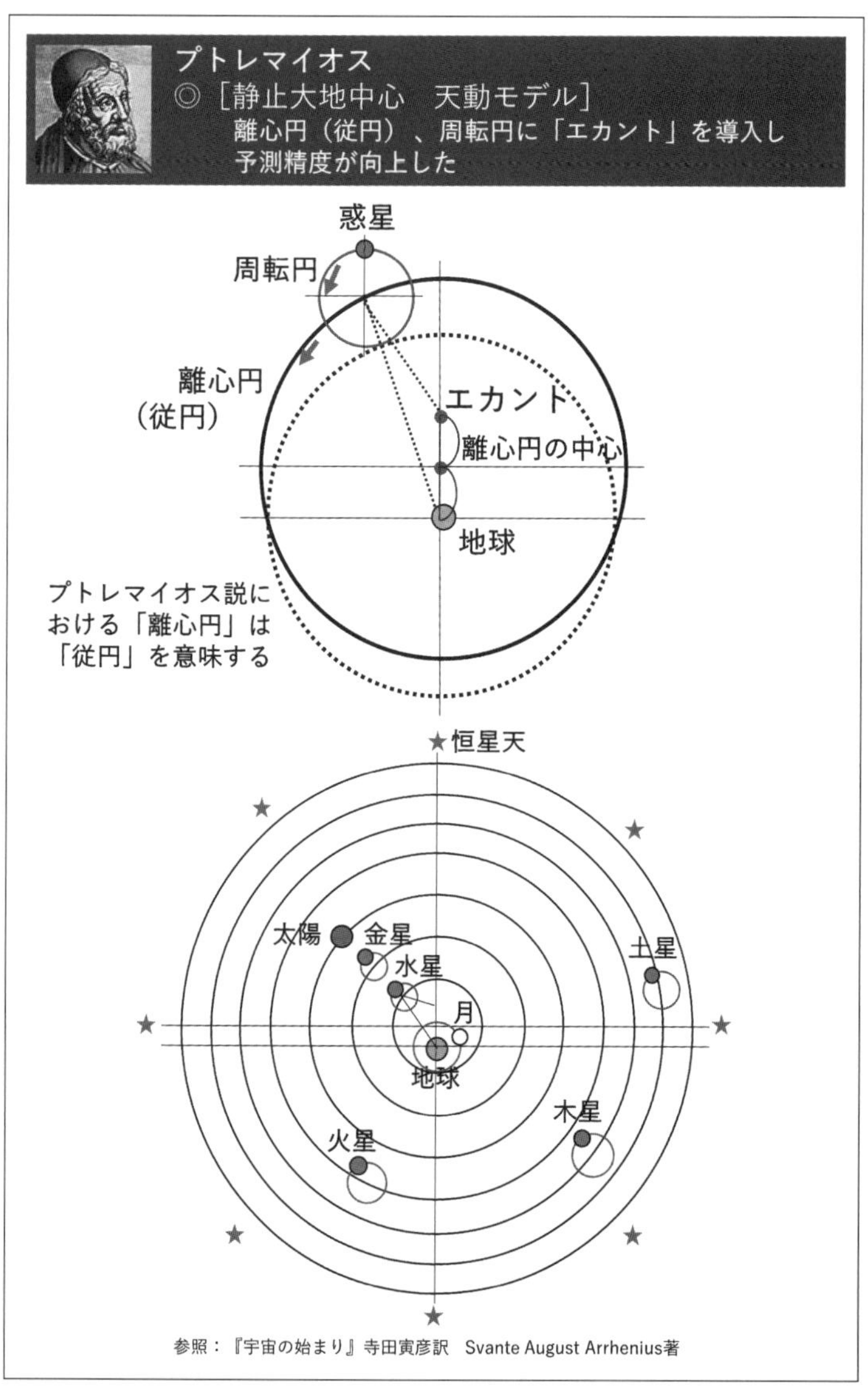
プトレマイオス
◎［静止大地中心　天動モデル］
離心円（従円）、周転円に「エカント」を導入し
予測精度が向上した
惑星
周転円
離心円
（従円）
エカント
離心円の中心
地球
プトレマイオス説に
おける「離心円」は
「従円」を意味する
恒星天
太陽
金星
水星
月
地球
土星
木星
火星
参照：『宇宙の始まり』寺田寅彦訳　Svante August Arrhenius著

2－14

偉人の事件簿❶ プトレマイオスの観測データ盗用疑惑

プトレマイオスは、静止している大地の周囲を月、太陽、惑星、恒星が円軌道で周回している天動説の理論を集大成しました。特に、惑星の位置を高い精度で予測することができたため、彼の宇宙論は、その後ルネサンス後期までの約１４００年もの間、一般に定着する考え方でした。

ところが、19世紀の天文学者が、プトレマイオスの住んでいたアレクサンドリアのデータで検証してみたところ、惑星の位置が大きく違っていることに気づいたのです。

天文学者デニス・ローリンス（カリフォルニア大学サンディエゴ校）によると、これらの観測データは、プトレマイオスが実際に観測したものではなく、緯度で５度ほど北に位置するロードス島に住んでいたヒッパルコスが観測し収集したデータであり、それをそのまま借用しているものであることが分かりました。というのも、５度分の領域に位置する１０２５個の星々は、アレクサンドリアからは観測できないはずのものだったのです。さらに観測日とする「秋分の日」は、プトレマイオスの記したデータ記載日の１日前でなければならなかったのです。

この時代には、観測を重視する姿勢がまだ充分に備わっていなかったために、発表した説を充分にデータで示す必要性さえ軽視されていたようなのです。

◎［天動説］から●［地動説］へ、コペルニクス的転回！

プトレマイオスの◎［天動説］をコペルニクスが●［地動説］へ引っくり返す！

静止している大地の周囲を月、太陽、惑星、恒星が円軌道で周回しているとする「天動説」は、古代ギリシャにおいて盛んに研究されました。その後、古代ローマ時代の学者プトレマイオスによる全13巻の著書『アルマゲスト』が、「天動説」の集大成として発刊されました。特に惑星の位置を高い精度で予測することができたため、ルネサンス時代（西暦１３００年代～西暦１６００年代）後期までの約１４００年間、「地球中心の天動説」が一般に支持され続けていきました（2－15）。

このような状況を打ち破り、「地動説」へと導いたのは、紀元前に古代ギリシャで研究されていた「地動説」に再度注目し、１５３６年に著書『天球の回転について』を発刊したコペルニクスでした。コペルニクスは、視点を星の動きから地面の動きに向け直すことによって、プ

地動説と天動説の移行経緯

◎ **天動説**

古代ギリシャ

○ **地動説**
数学重視、自転地動説

ピタゴラス
円・球対称系説

フィロラオス
中心火説

エクファントス
自転する球体地球説

◎ **平面大地中心説**

アナクシマンドロス
浮遊する平面大地説

◎ **正統学派 天動説**

プラトン
静止地球・多重天球説

エウドクソス
天動説の始祖

アリストテレス
静止地球・多重同心天球説

○ **異端学派 地動説**

ヘラクレイデス
地球中心、一部太陽中心

ヘレニズム

○ **アリスタルコス**
初の太陽中心説

◎ **エラトステネス**
静止地球・多重天球説・平行光

古代ローマ

◎ **アポロニウス**
従円・周転円を導入

ヒッパルコス
古代天文学を体系化

プトレマイオス
離心円・エカント
『アルマゲスト』13巻を発刊

アルマゲストの発刊から
約1400年後に地動説へ移行

ルネサンス

○ **ルネサンス～近代**

コペルニクス
太陽中心・公転地球

ティコ・ブラーエ
精緻な観測・修正天動説

ヨハネス・ケプラー
惑星の楕円軌道を発見

ガリレオ・ガリレイ
木星の惑星を発見

コペルニクス

プトレマイオスの『アルマゲスト』を地動説へ数学的に置き換えた

『天球の回転について』
発刊

近代

○ **アイザック・ニュートン**
万有引力を発見

アインシュタイン
重力理論を発表

◎ **復活 フラットアース 天動説へ？！**

2－15

トレマイオスの◎［静止大地中心　天動モデル］理論から、コペルニクス的転回で、数式的に等価な●［太陽中心　公転地球　地動モデル］へと置き換えることに成功したのです。

ガリレオ・ガリレイが木星の惑星を発見⁉

ルネサンス時代のイタリアの学者ガリレオ・ガリレイは、オランダで望遠鏡が発明されたという噂を聞き、１６０９年に早速望遠鏡を作りはじめました。そして、約30倍の望遠鏡を作り上げ、天体観測を開始しました。観測の結果、それまで滑らかな球体と思われていた月面に数多くのクレーターを発見し、スケッチに描いて書籍『星界の報告』（１６１０年）としてまとめ、一般に向けて発刊し、人々に衝撃を与えました。

ガリレオは、その他にも金星の満ち欠けの観測や、木星に4個の衛星があることを発見し、それが基盤となり、「地球も木星と同様に球形であり、月は衛星として地球を周回している」と一般に信じられるようになっていったのです。

ニュートンの万有引力の発見が●「地動説」の定着に貢献！

ルネサンス時代後期（１６００年代）にニュートンが登場し、「地球も球形であり、月は地球の引力に引き寄せられて周回している」とする認識が一般に定着するきっかけとなる「万有引力の法則」を発表しました。

ところが、近年の研究により、天文学の分野で発表されている各種データ不正の事実が暴かれはじめています。それは、偉人と呼ばれてきたガリレオやニュートンも例外ではありません。科学が「客観的データ第一主義」を推し進めた結果、「理論」が人間の普通の感覚から大きく乖離し続け、一般人には理解できないほど難しい数式を駆使することによって、専門家の権威が保たれている状況が生じているのではないのか、とさえ思えてしまいます。

大航海時代の波に乗り、世界へ拡散●「球体地球の地動説（太陽中心説）」！

古代ローマ帝国は、西暦３９５年、東西に分裂し、西ローマ帝国は、西暦４７６年に滅亡しました。その後、約１０００年以上繁栄を続けた東ローマ帝国も、１４５３年にオスマン帝国により滅ぼされました。そして、古代ギリシャや古代ローマの文化は、東方のアラブ諸国へ、アラビア語の文献によって受け継がれていったのです。

古代のギリシャや古代ローマ、共和政ローマ、ローマ帝国の公用語として普及していた言語は、ギリシャ語とラテン語でした。そして当時の天文学の原典の多くは、ギリシャ語やラテン語で書かれていたため、論文のほとんどが利用できない状況に陥ってしまい、概論や抜粋集のみの利用に限定されてしまいました。

長い戦乱のため、ヨーロッパにおいてラテン語の識字力が残っていたのは、ほぼ教会のみとなり、長期にわたり天文学の発展が阻害されていたのです。中世ヨーロッパが、ローマ・カトリック教会による一強支配の社会になった結果、自由に学問を語ることができず、ローマ教皇、ローマ・カトリック教会、イエズス会に異論を唱えることのできない時代になっていきました。

その後、１０７０年頃から徐々に12世紀ルネサンス（14世紀以降のルネサンスの土台となる時期）がはじまり、ヨーロッパにおいて、哲学・科学を中心とした知的再活性化が進んでいきます。

地中海に面したイタリアのベネチア、ジェノバ、フィレンツェなどでアラブ諸国との東方貿易を担った者たちの中には、アラビア語が堪能な者が多くいました。アラビア語に翻訳されて残っていた古代ギリシャや古代ローマの古典を彼らが、ラテン語やイタリア語に翻訳することによって、古代の文化が復興するきっかけになっていったのです。

そして大航海時代（1400年代半ば〜1600年代半ば）に入ると、ポルトガルによるアフリカ・アジア探検や、1492年スペイン両王（フェルナンド2世とイサベル1世）の支援を受けたコロンブス（イタリア人）によるアメリカ大陸の発見、その後1519年にはスペインのマゼラン艦隊が世界周航へと出発し、1522年に地球1周を達成しました。このような遠洋航海の必要に迫られた結果として、黄道や天体の位置計算機能を省き、太陽や星の高度の測量機能に特化した、航海用の「アストロラーベ」が、盛んに活用されるようになっていきました。

古代ギリシャ、古代ローマ時代の知識をベースとした知的再活性化が進み、また東方貿易の莫大な利益に加え、フィレンツェで毛織物工業が起こり工業生産物から生まれる新たな利益により、14世紀には、イタリアルネサンスが興隆し、世界進出を果たしました。さらに、「地球球体説」、「太陽中心説」が、ローマ・カトリック教会、イエズス会を中心とする宗教とともに世界に広がっていきました。

ルネサンス時代　１３００年代〜１６００年代

ルネサンス時代は、フランスとイギリスによる中央集権国家の確立により、経済や文化が急速に発展しました。

特に「活版印刷技術の普及」による科学的な知識の共有化が進み、天文学や物理学では、複雑な数式を共有できるようになり、多彩な理論が発表されるようになっていきました。

ニコラウス・コペルニクス（１４７３年〜１５４３年）

●［太陽中心公転地球　地動モデル］

教会の聖職者であったポーランドの天文学者コペルニクスは、それまで約１４００年間も続いてきた「地球中心の天動説」から、**コペルニクス的転回**により「太陽中心の地動説」へとひっくり返した張本人です。当時の状況や「地動説」に至った経緯は、どのようなものだったのでしょう。

ルネサンス時代に入り、古代ギリシャの天文学の書籍が次々と翻訳され、コペルニクスは刺激を受け、特に紀元前3世紀にアリスタルコスが唱えていた「太陽中心の公転地球・地動説」に関する考察を開始します（2－16）。

コペルニクスの1543年の著作『天球の回転について』の中で、古代天文学から受けた自身への影響について、ブリュタルコス（帝政ローマのギリシア人著述家）の言葉をこのように引用しています。

『他の人々も地球が動くと考えた。ピタゴラス学派のフィロラオスは、地球が月や太陽と同じように中心火のまわりを斜めの円の上に動くと言っている。ボントスのヘラクレイデスとピタゴラス学派のエクファントスは、地球に直線運動を与えず、軸の上にまわる車のように地球をその中心のまわりに西から東へまわらせたのは確かである』そこで私も地球の運動について考えはじめました。

書籍の中でコペルニクスは、さらに次のように述べています。

地球が球体であり、無限とも思える宇宙全体が一日24時間で回転すると徐々に拡大し破

壊されてしまうかも知れない。それよりも宇宙において点のような存在の地球が回転する方が理にかなっている。

土も水も落下する物は、球体の中心に向かう。月食の時に月に投影される影は完全な円形であるため、地球は完全な球体である。天体は円運動のみではなく留や逆行のように不規則な動きを見せることや、太陽の動きによって昼夜の長さが違う。太陽と月の移動速度が変化する。

さらにその頃の時代状況にも触れています

地球が宇宙の中心に位置している以外のことを述べると笑われさえする。

有名な文筆家であるが数学はできなかったラクタンティウスが、まるで幼稚な方法で地球の形について述べ、大地は球の形をしていることを発見した人をあざわらっていることはよく知られています。だから、こんな人がわれわれを嘲笑しても学者はすこしも驚きません。数学は数学者のためのものですから。

「地動説」では、**地球が不動のものではなく太陽のまわりをまわっている**ことを強調していますが、その考察は惑星運動までであり、恒星には触れていません。

「地動説」のコペルニクス体系に対する反論の主なものは、地球が太陽の周囲を1年に1回公転しているのであれば、〝季節によって恒星が見える角度が違うはずだが、そのように観測されない〟という点でした。紀元前3世紀アリスタルコスの「年周視差」問題が、ここでも壁として立ちふさがっていたのです。その解決案として、恒星までの距離は想像をはるかに超えるほど遠いと考えるようになりましたが、受け入れられることはありませんでした。

ドイツの天文学者フリードリヒ・ヴィルヘルム・ベッセルは、1838年に恒星までの距離に「光年」の概念を導入し、1846年にドイツの作家のオットー・エドゥアルト・ヴィンツェンツ・ウレが、「光年」という用語を初めて使用して普及していきました。

現在の「グレゴリオ暦」では、1年が365・2425日とされています。一方コペルニクスの時代に採用されていた「ユリウス暦」は、1年の長さが、365・25日と少し長いため、制定されて1600年以上が経過し、ずれが拡大していたため、1年の長さが大きな関心事になっていました。1582年にローマ教皇によって「ユリウス暦」から「グレゴリオ暦」に変更される際に、コペルニクスの観測記録は参考資料として活用されました。

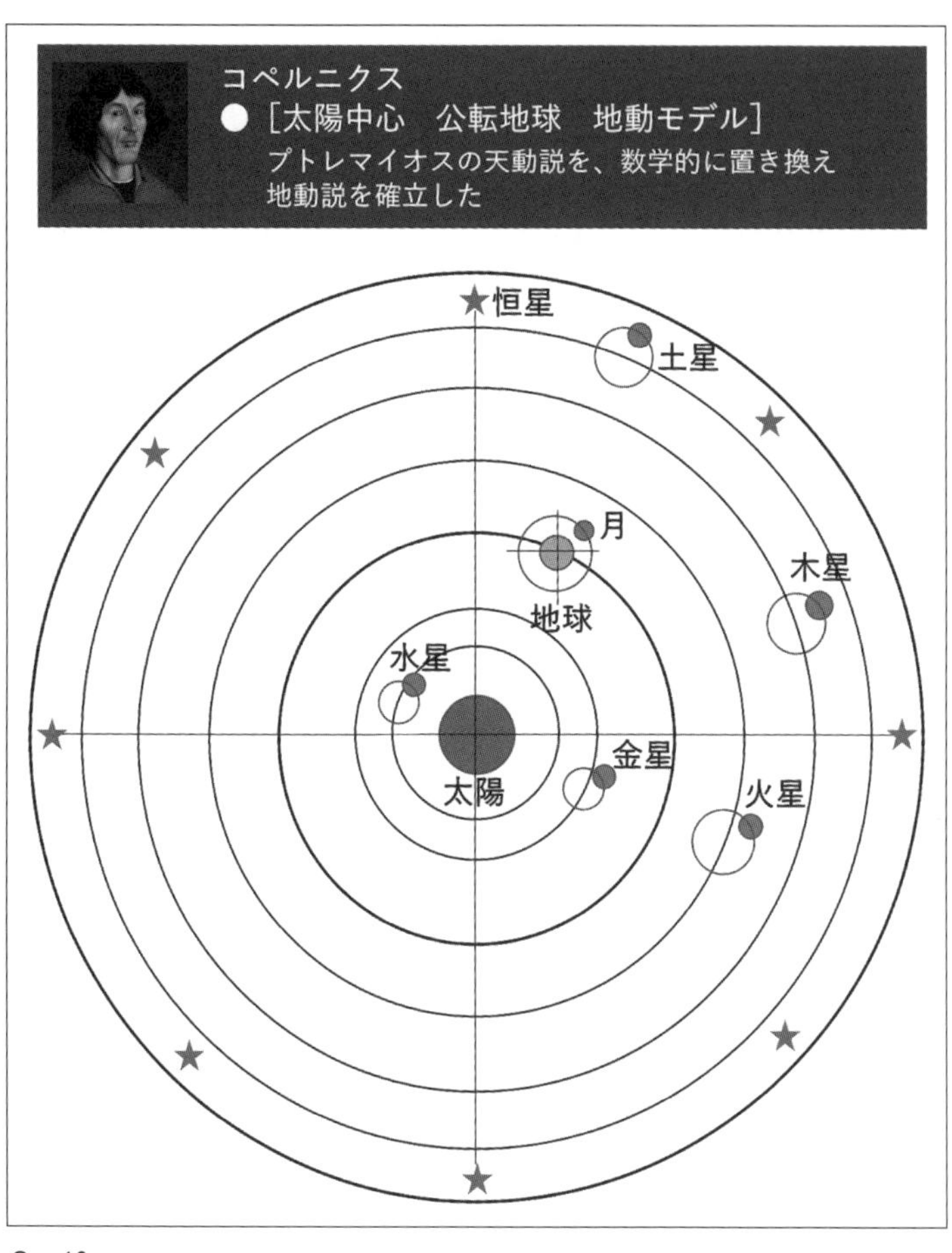
コペルニクス
● ［太陽中心　公転地球　地動モデル］
プトレマイオスの天動説を、数学的に置き換え
地動説を確立した
恒星
土星
月
木星
地球
水星
金星
太陽
火星

2－16

ティコ・ブラーエ（1546年～1601年）

◎「静止地球中心　太陽系公転　修正天動モデル」

デンマークの貴族出身で、天文学者・作家として知られるティコ・ブラーエ。彼の精密な観測記録により、その後の科学手法の基礎が構築されました。

北極星を中心に、天空に固定された星々は1日に1回転しているように見えるため、紀元前から、「地球中心の天動説」は約1400年間も支持されてきました。

さらに、通常の回転運動とは異なる惑星の「逆行」や「留」の動きを、美しい円運動で説明できないものかという取り組みが続きました。それまで主流だった宇宙観は、何層もの「天球」の中を固定された軌道を描く惑星の軌跡でした。

そして、そこに登場したのが、ティコ・ブラーエの考案による「天球」を完全に排除した「修正天動説」でした（2－17）。静止している地球の周囲を、公転する太陽を中心とした惑星が周回している、非常に理にかなった理論です。

ティコ・ブラーエは長期にわたり天体観測を続け、太陽系内の5個の惑星や太陽系外の10

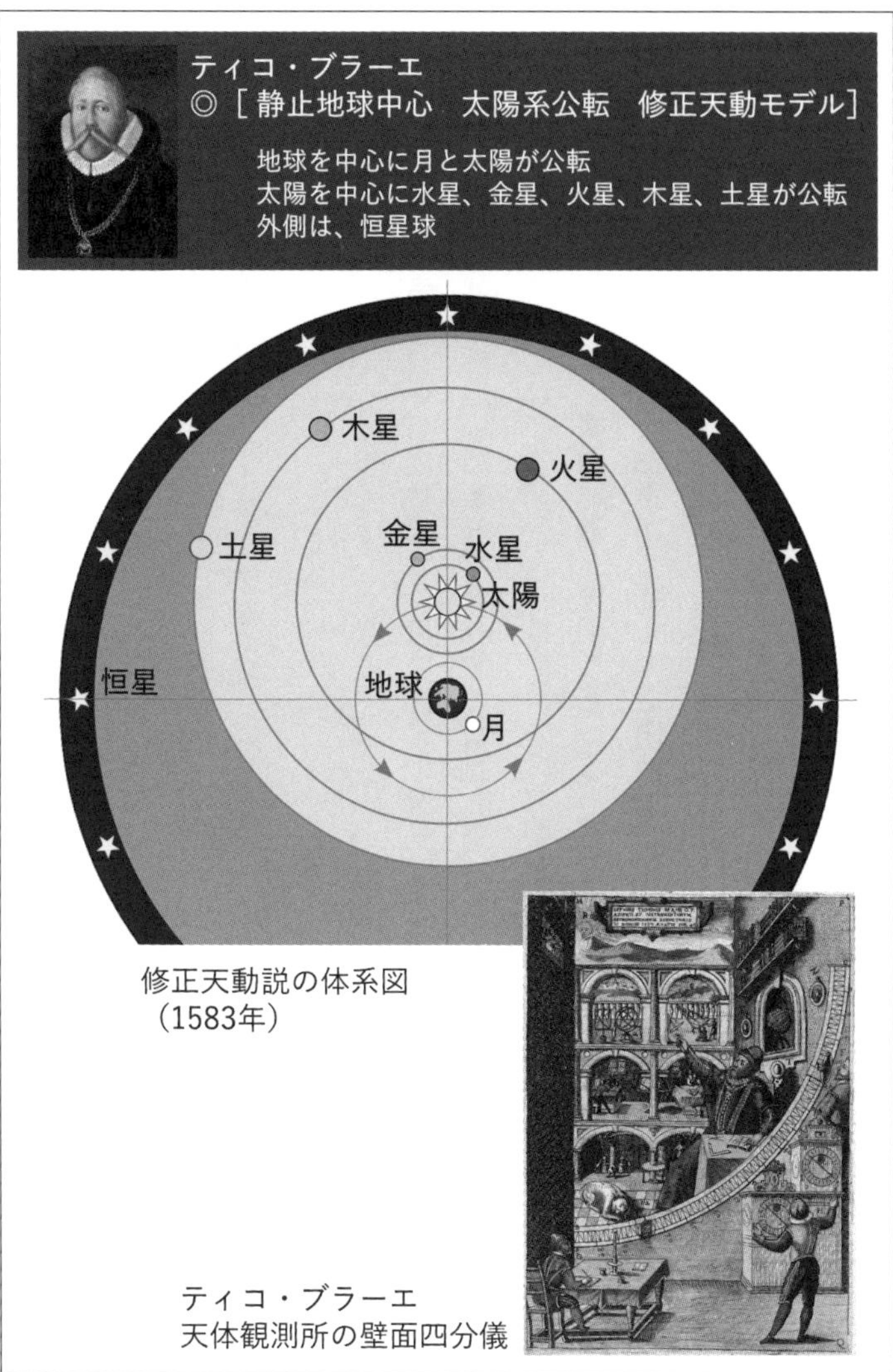
ティコ・ブラーエ
◎［静止地球中心　太陽系公転　修正天動モデル］
地球を中心に月と太陽が公転
太陽を中心に水星、金星、火星、木星、土星が公転
外側は、恒星球
木星
火星
金星
水星
土星
太陽
恒星
地球
月
修正天動説の体系図
（1583年）
ティコ・ブラーエ
天体観測所の壁面四分儀

2－17

00個にもおよぶ恒星についての詳細な観測記録を残しました。

それら膨大なデータは、弟子のケプラーが引き継ぎました。ティコが死に際に残した言葉は、「天動説でこのデータを生かしてほしい」というものでした。

ヨハネス・ケプラー（1571年～1630年）

●［太陽中心　自転地球　地動モデル］

ドイツの天文学者ヨハネス・ケプラーは、惑星の動きに関する「観測」と「理論」の間に生じるズレの板挟み状態に追い込まれ、それまで常識と思われていた「円運動」に疑いを抱き再考しました。

「惑星は**円軌道**ではなく、**楕円軌道**を周回しているのではないのか？」

その結果、それまで複雑な補正が必要だった**円軌道**の理論から脱却し、シンプルな**楕円軌道**で惑星の動きを説明できるようになったのです（2－18）。さらに、「惑星の逆行」を説明するための「従円」「周転円」「離心円」「エカント」といった要素を取り除くことができるようになりました。

しかし、楕円軌道では周回速度に微妙な変化が生まれるはずですが、地球が超高速移動して

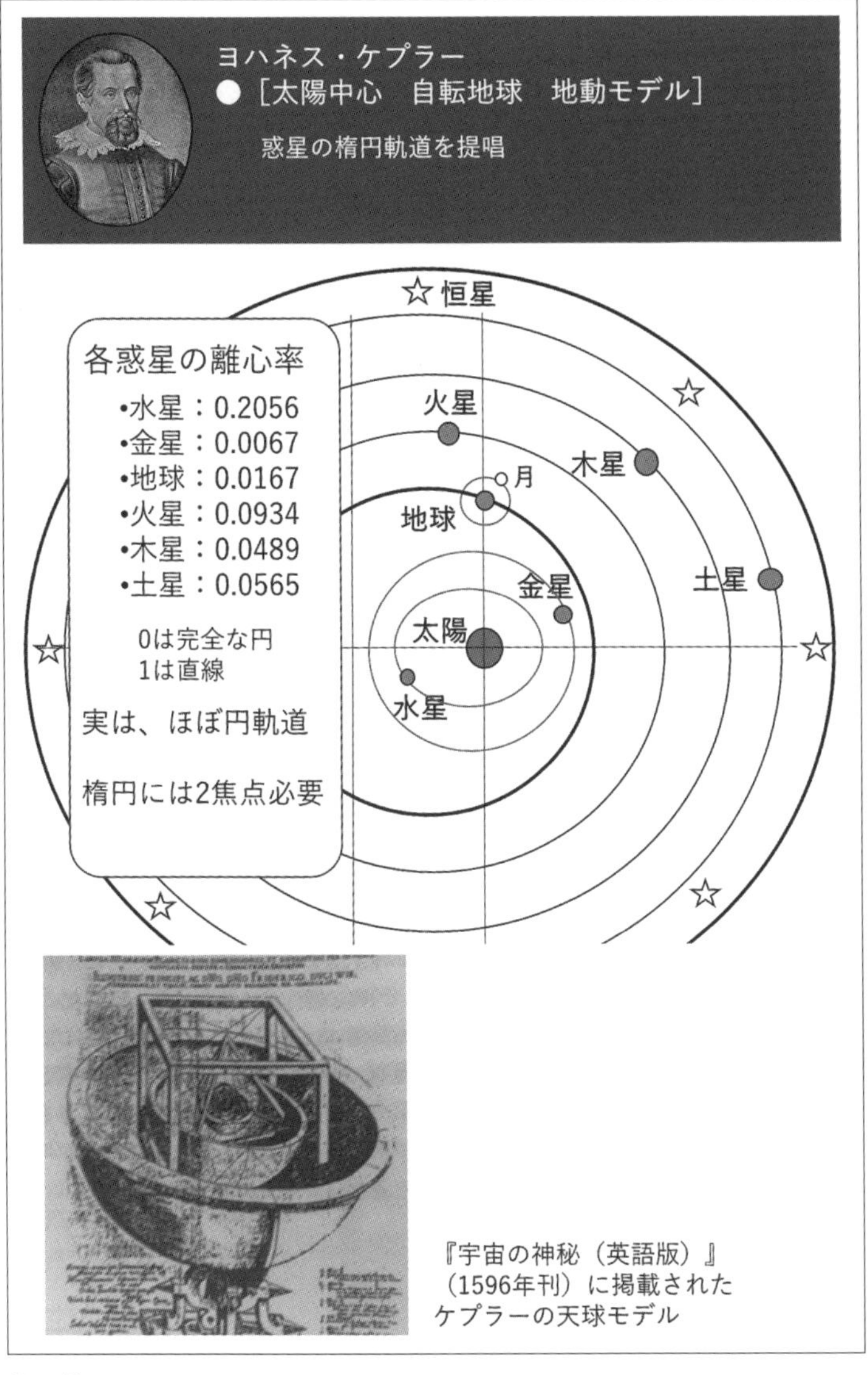

『宇宙の神秘（英語版）』（1596年刊）に掲載されたケプラーの天球モデル

2－18

いるとしても、楕円率が小さく、人と対比して地球は巨大であるために、私たちは地上で地球の動きを一切感じることがない、ということのようです。

この本来感じるはずの微妙な加減速を不問とすることによって、ケプラーの「楕円軌道説」は支持され、「太陽を中心とした地動説」への大きな流れが生み出されていきました。

偉人の事件簿❷ ティコ・ブラーエの観測データを盗用したケプラー

2世紀にプトレマイオスが確立した「球体・静止地球の天動説」は、約１４００年の長きにわたり支持されていましたが、１５４３年、コペルニクスにより「太陽中心の地動説」が発表されました。しかしその後、約50年間、超高速の自転を体感できないことを主な理由として、支持は広がりませんでした。

１５７７年にケプラーの母親は、当時話題になっていた天体現象を6歳の我が子にしっかり見せたいとの思いから、夕暮れの小高い丘の上へ一緒に登りました。二人が空を見上げると、長い尾を引いて強い光を放つ「彗星」をはっきり見ることができました。この強い衝撃は、ケプラー少年の心にしっかりと刻まれたのです。

ケプラー家は、遠い昔は貴族階級に属していましたが、数世代前から凋落（ちょうらく）がはじまっていました。父親について、ケプラーは以下のように紹介しています。

「多くの敵を持ち、争いの絶えない結婚をした」

「（妻に）暴力をふるい、晩年は流浪者となって死亡した」

ケプラーは、3歳半の時に天然痘にかかり、手が不自由になったためキレイな字が書けず、また両目の視力が非常に悪くなってしまいました。

下層社会で生きていたケプラーでしたが、それでもその才能は誰の目にも明らかであり、優秀なプロテスタントの牧師や行政官を育てるためのラテン語学校で初等教育を受けはじめました。12歳になると、神学校の奨学生として全寮生活がはじまりました。

厳しい親から開放され、のびのびと勉学に励んだのかというと、そうではありませんでした。クラスメイトは25名でしたが、神学校からは、他の生徒の規定違反を教師に密告するように奨励され、違反を知って通告しない者は同罪とみなされ、ムチで叩かれ、地下牢に押し込まれ、パンと水しか与えられない罰が待っていました。

そのような環境の中で、他人に対して厳格なケプラーは自らの感情を抑えることができず、クラスメイトの不正行為を積極的に通告しました。優秀な生徒だったこともあり、周囲からは、ねたみの対象として見られるようになっていきました。

占星術に精通していたケプラーは、自らをこのように語っています。

「火星は物ごとを執拗に突き通して持続させる力……怒りを挑発する力を意味する……私のケ

ースのように火星が水星に影響する場合は、ほとんど自制心がなくなる。そのために性格が刺激されて怒りっぽくなり、他人を否定し、猛烈に攻撃し、あらゆる権威に逆らい、つねに誰かを非難する。したがって、どんな学業をするにしても、その人の人間関係には他人の悪癖を責めたて、あざけり、なじるという傾向がある」

と、このような激しい性格を自認していたようです。

その後、ケプラーは神学校であるチュービンゲン大学で、ルター派の牧師養成教育を受けはじめます。

大学で特に興味を持った学問が天文学であり、なかでも約1400年ぶりに注目されたコペルニクスの「地動説理論」でした。

ケプラーの著作である『宇宙の神秘』（1596年）には、このように書かれています。

先生が授業中にしばしば述べるコペルニクスが非常におもしろかったので、学生討論会ではコペルニクスの見解をたびたび擁護し、さらに（恒星を固定した天球の公転である）第一運動は地球の自転の結果であるという理論について用心深く論じた。そして、コペルニクスがそれを数学的に説明したように、太陽の運動は地球の自転の結果であるという理

論を物理的に、またお望みならば形而上学的に説明しようとした。

ここに登場する先生とは、当時有名な天文学者ミカエル・メストリンであり、その先生が講義した〝コペルニクスの理論〟に強い影響を受けていたことが伺えます。

牧師になることを願っていたケプラーでしたが、卒業間近になって、グラーツの上級神学校の数学教授に欠員が出たという理由で、突如チューービンゲン大学を追われるように、上級神学校に赴任することになってしまいました。

優秀だったケプラーが、なぜチュービンゲン大学を追われるように他の大学に赴任したのか？　その主な理由は、5年間生徒のケプラーと接してきた大学関係者から見ると、ケプラーが将来牧師として生きた場合、おそらく周囲の人々との間で問題を起こしてしまう性格であり、聖職者にはふさわしくないと考えたからのようです。

ケプラーは、3歳の時に患った天然痘による視力悪化のために、自ら天体観測を行うことができず、主に豊かな想像力をもとに、数学による理論の構築に集中していました。

そして、上級神学校に赴任後も天文学の研究を続けたケプラーには、その後に25歳年上のティコ・ブラーエのもとで研究を行うことになる運命が待っているのです。

ケプラーが上級神学校で数学の教授だった頃、天体について詳細な観測を行っていたのが、デンマーク貴族出身の天文学者ティコ・ブラーエでした。デンマーク王の強固な支援によってヴェーン島（現在のスウェーデン領）の領有権を与えられ、天体観測所を設立しました。そこでの観測成果は、それまでとは全く異なる高精度な観測記録でした。それまでの「理論」中心の科学から、「理論」と「観測」の両輪による現代科学手法の基礎が築かれていったのです。

ティコ・ブラーエが世間の注目を浴びたのは、１５７２年に発見した「超新星」の詳細な記録『新星について』（１５７３年）を発表したことでした。

6歳のケプラーが彗星を見た約5年前にあたる１５７２年2月11日の夕方、ティコ・ブラーエは、それまで見たことがない場所に金星のように明るく光り輝く新しい星を見つけたのです。しかし、彗星のように太陽を避ける方向の「尾」が一切ありません。消滅するまでの数カ月間にわたって、自身が考案し職人によって製作された精密な天文観測機器で観測すると、全く動いていないことが分かりました。

他の天文学者は、「地球から遠ざかる方向に動いているために尾が見えないのだろう」と説明していました。それまでも古代ローマのヒッパルコスによって新星を観測した記録が残っていましたが、古い資料だったため、その信憑性には疑問が持たれていたのです。当時一般的だったアリストテレスの「不変の天球」とされた宇宙観において、「新星」はあり得なかったのです。

けれども、ティコ・ブラーエは、地上の視差が生じない点から、この星は、大気中の現象ではなく「不変であるはずの天球」に生まれた「新星」であるとする説を著書『新星について』で主張したのです。

ヴェーン島で観測を続けていたティコ・ブラーエでしたが、この島での観測に終止符を打つ時がやってきました。その最大の要因は、ヴェーン島を提供していた強力な支援者デンマーク王フレデリク2世が亡くなったことでした。その後を継いだクリスチャン4世は、父の政策を見直し、ティコ・ブラーエへの経済的支援の削減が行われ、ティコと宮廷との関係が悪化していったのです。

こうして、1576年から1597年の21年間観測を続けたヴェーン島を離れ、その後はドイツのプラハで亡命生活を過ごすことになりました。

1597年、ケプラーは、ティコ・ブラーエに自著『宇宙の神秘』に関する書評をもらいたいと願い手紙を送っていました。

著書の内容は、「太陽を中心として、水星・金星・地球・火星・木星・土星の軌道が、５個の正多面体の内接球および外接球によって配置されることで、惑星間の距離が保たれている」という今からすると、とんでもないと思えるものでした。この説は、コペルニクスが唱えた「太陽中心の地動説」がもとになっていました。

この手紙がきっかけとなり、１５９９年にプラハにおいて、ティコ・ブラーエの助手（ケプラー自身は、共同研究者と主張）として働きはじめたのです。

望遠鏡がなかった時代に、肉眼で観測できる限界を極め、高度な精度を誇り、生涯に１０００個以上の恒星等を観測したティコ・ブラーエは、観測結果を部下に公開することなく将来の集大成に向けてデータを大切に扱っていました。

ティコ・ブラーエのもとで勤めはじめたケプラーに与えられた仕事は、宇宙を構想し創造力を発揮するような世界とは無縁の延々と続く計算の連続でした。そのような状況の中でケプラーは、自らの考察『世界の調和』を完成させるためにティコ・ブラーエの観測記録が喉から手が出るほどほしかったのです。

当時のティコ・ブラーエが考える宇宙観は、静止した地球のまわりを月が公転し、太陽は地球のまわりを公転しつつ、さらに太陽の近くを水星・金星が、遠くを火星・木星・土星が公転しているという「修正天動説」でした。
またその頃、ティコ・ブラーエは、唯一心を許したイタリアの天文学者アントニオ・マジーニと観測データを交換し、考察を高め合っていました。
それを知ったケプラーは、アントニオ・マジーニに手紙で訴えました。

「私が長いあいだ熟考してきた『世界の調和』は、ティコの観測データに基づいてティコの天文学によって再構築しないかぎり完成することはできません……ティコは多くのものを秘密にしていますが、私の『世界の調和』を証明するには、惑星、離心率、惑星の軌道間の比率に関するティコの修正された理論がなんとしてでも必要です……なかでも一番ほしいのは、すでに完成している火星のものなのです」

「あなたと交わしたことはいっさい秘密にするという誓約を［直筆で］書いた証書をここに同封します」

と、ティコ・ブラーエのデータを漏らしてほしいと懇願していたのです。

ケプラーがティコ・ブラーエのもとで働きはじめて1年半後の１６０1年、ティコ・ブラーエは、皇帝晩餐会に出席中、非礼にあたるとしてトイレに行くことを躊躇した結果、11日後に膀胱破裂のため54歳で亡くなってしまいました。

その頃のティコ・ブラーエは、経済的に苦しい状況に陥っており、多くの助手は故郷に帰っていました。悲しみに包まれた家の中に残っていた助手は、ケプラーただ一人だったのです。他殺説も当時盛んに言われており、ケプラーも被疑者の一人に入っていましたが、その後追及されることはありませんでした。

ティコ・ブラーエの死後４００年近く経った１９９６年に、ランツクルーナ博物館（スウェーデン）で『ティコ・ブラーエ展』が開催されました。その時に、死因の検証用サンプルとしてティコの頭髪が大学に提供されました。

有機分析の専門家の鑑定が行われた結果、毛髪の内部から高濃度の水銀が検出されました。

このことによって毒殺の可能性が高まり、その第一容疑者としてケプラーの名前が広まっていきました。しかし当時、水銀は一般的に梅毒の薬として使用されていたため、治療薬として蓄積していた可能性もあるようなのです。

病床でティコ・ブラーエは家人に、貴重な財産である「観測記録日誌と観測装置は相続人に譲る」と遺言を残しています。

ティコ・ブラーエの死後2日には、皇帝の顧問が屋敷を訪問し、ティコ・ブラーエが勤めていた宮廷数学官の後任にケプラーを任命しました。そして、ケプラーは、ヨーロッパ最高位の官位を獲得したのです。

しかし、ケプラーが最も欲していた34巻の観測記録は、子孫が保管していました。ところが、家族が喪に服している間の静まりかえった屋敷から、ケプラーは観測記録を全て持ち出してしまったのです。

翌年には、ティコ・ブラーエの娘婿が辣腕（らつわん）を振るい、ケプラーから観測記録を取り戻しました。そして、ティコ・ブラーエが皇帝ルドルフから依頼されていた、新たな惑星運行表の製作を娘婿が引き継ぎました。

ところがそれまで活用されていた「プトレマイオス表」や「コペルニクス表」を超える高精度の「ルドルフ表」に取り掛かろうとしたところ、最も重要な火星に関する資料が抜き取られていることが発覚したのです。

しかしその後1604年、ケプラーと親族との間に同意が成立しました。「ルドルフ表」を利用する時のみに限定される「不平等協定」とケプラーが呼ぶものでしたが、いずれにしても念願だったティコ・ブラーエの観測記録を自由に活用することができるようになったのです。

そして、ティコ・ブラーエの死後から4年後の１６０５年にケプラーは、イギリスの天文学者クリストフ・ヘイドンに手紙で平然と告白しています。

「白状しますが、ティコが死んで相続人たちがいない間に、またはほとんど手薄な時に、私は遺された観測記録を守るために、この手で堂々と盗みました。大胆にも相続人の意思に反して取り上げたのですが、それは、私に観測機器の管理を命じられた皇帝陛下の明瞭なご意思に従ったまでのことです。私は陛下の命令を広義に解釈し、特に管理を必要とする観測記録を奪いました」

ケプラーが死去して約１００年後、１７２８年のコペンハーゲン大火で、ティコ・ブラーエの観測機器と観測記録は、全て消失してしまいました。権威者にとって都合の悪い情報は、大火によって消滅されてきた歴史がありますが、この消失によって「修正天動説」を強く主張していたティコ・ブラーエの活動の詳細を後世の者が掘り起こすことは、永遠に不可能となってしまったのです。

ケプラーによるティコ・ブラーエ毒殺説の解明を目指し、デンマークの科学者たちから遺体の掘り返し申請がプラハ市（チェコ）にありました。申請は、２０１０年2月に承認され、10月に掘り返しが実施されました。調査にあたったのは、デンマークにあるオーフス大学のデンマークとチェコの科学者グループであり、イェンス・ヴェラフ博士の指導のもと、ティコ・ブラーエの毛髪鑑定が行われました。その結果は２０１２年10月に公表され、「毒殺できる量の水銀は検出されず、他の毒物も存在しなかった」と、ケプラーに有利な結論となっています。イェンス・ヴェラフ博士に関する詳しい情報は得られず、彼がどのような立場だったのかを判断できないため、私にとって、真相は闇の中に閉じ込められたままとなっています。

結局、ティコ・ブラーエが唱えていた地球を中心に月と太陽が公転し、その太陽は惑星を伴って地球を公転しているティコの「修正天動説」を、ケプラーは否定しました。それに代わり、太陽を中心に地球も惑星の一つとして公転しているとする「地動説」を完成させたのです。

その際ティコ・ブラーエの火星の観測記録を利用し、惑星の軌道を初めて楕円軌道とすることで、「従円」「周転円」「離心円」「エカント」の設定を排除することができるようになりました。

もしもティコ・ブラーエが生きていたら、数十年間にわたる自身の詳細な観測記録をもとに、地球を中心とするバランスの取れた「天動説」を発表していたのではないでしょうか。ケプラーは、その流れを強力に阻止するための力として働いたようにも思えるのです。

ガリレオ・ガリレイ（1564年〜1642年）

●「太陽中心　自転地球　地動モデル」

1608年にオランダで望遠鏡が発明されたことを知ったガリレオ・ガリレイは、翌年には望遠鏡を手作りし、天体観測に初めて利用しました（2－19）。そして、月面のクレーターや金星の満ち欠けなどを克明にノートに記録して公表したのです。

なかでも木星を周回する4個の衛星の発見により、球体地球のまわりを惑星が周回している可能性が高いのではないかと反響を巻き起こすことになりました。

さらに、物体の落下にも関心を向け、「慣性の法則」を発見し、後にそれをニュートンが運動法則として数値化し整理したのです。

なお、ガリレオ・ガリレイは、惑星の軌道は**正円**であるとし、ケプラーの**楕円軌道説**を生涯認めることはありませんでした。

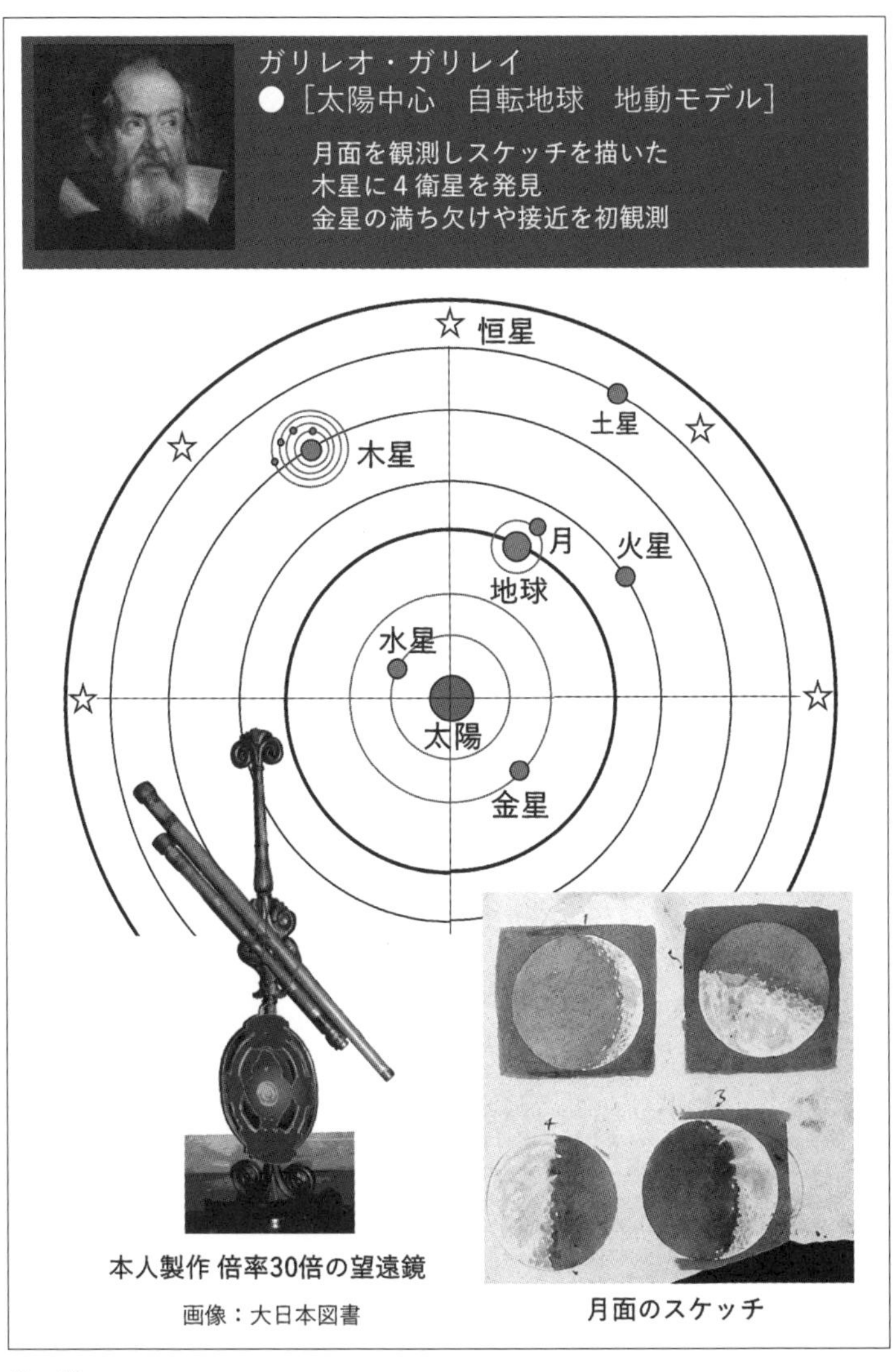

本人製作 倍率30倍の望遠鏡

画像：大日本図書

月面のスケッチ

２－19

偉人の事件簿❸ 捏造？　ガリレオの再現不可能な実験

ガリレオ・ガリレイは、アリストテレスの「運動論」と、プトレマイオスによって体系化された「天動説」を論破しようと、さまざまな実験を行ったとされています。「根拠もなく間違って信じられてきた中世までの考え方を打破することが、自分の使命である」との気概を持って取り組んでいました。

古代ギリシャのアリストテレス派**［静止地球中心　同心天球　天動モデル］**が、「地動説」（太陽中心説）を否定していた論拠は、「もしも地球が自転しているのであれば、高い塔の上から落とした物体は垂直に落ちずに、地球が西から東に回転しているのであれば、西の方に斜めに落ちるはずだ」との理論でした。

これに対してガリレオは、晩年の著作『新科学対話』（１６３８年）の中で、船のマストを使った実験について述べています。アリストテレス派の説では、走行中の船の高いマストの上から鉛の玉を落とすと船は前方に進んでいるため、マストの真下の印よりも後の方向に落ちるべきだが、実際にはマストの真下の印の上に落ちるのだと述べています。

ガリレオは、後世において高く評価され、教科書にも取り上げられ、実験を通して科学を客観的に証明する基礎を築いた偉人として紹介されています。

実際はどうだったのでしょうか？

前述の船のマストを使った実験について、アリストテレス派のシンプリチオは、ガリレオに「自身で実験を行ったのか」質問をしました。

するとガリレオは、「やっていない、その必要もない。なぜなら落下体の運動はそうなるのであり、それ以外はありえないと断言できるからだ」と答えたというのです。

体験型の実験によって客観的評価を加えるよりも先に、「結果はこうあるべき」という自身の思いが先走っていたようです。

ガリレオの書籍『新科学対話』には次のような記述があります。

自然の中で運動は、たぶん最も古くから存在するものであり、それについて哲学者の著した書物が少なからず存在する。しかしながら、私は〝実験によって〟知る価値があるの

に、これまで観察も説明もされていなかった運動の諸性質を発見したのだ。

しかし、その後の調査の結果、このイタリア語の原典には〝実験によって〟との記述が含まれていませんでした。ガリレオに心酔する翻訳者による装飾が加えられたことにより、〝実験を重視するガリレオ像〟が定着していったのです。

また、別の実験でも、客観的データよりも自己の考察の正しさによって普及させたいとの強い意思が働いていたとされる事例があります。

斜めの板に溝を掘りその中に金属球を転がし、時間を測定することで落下の法則性を見出そうとした、ガリレオによる有名な実験です。教科書の記述では〝何度も忍耐強く実験を重ねた結果、一つの法則を発見した〟と強調されています。

この実験では、静止した真鍮（しんちゅう）の球が転がり出し、下に到達するまでの時間と距離の法則性を、何度も繰り返すことによって、走行距離が時間の2乗に比例して延びていくことを見出したとされています。

しかし、アメリカの科学史家で元ハーバード大学教授I・バーナード・コーエン（1914年〜2003年）氏による評価は、「あのような大雑把な実験条件では、正確な法則は生み出せるはずがない。実際、くい違いは非常に大きく、ガリレオと同時代の科学者のメンセンヌ神父は、ガリレオが記した実験結果を再現できず、ガリレオが実験を行ったことさえも疑っていた」と厳しいものでした。

どうやら実験科学が芽生えたルネサンス期から、実験データは「目的とする理論を補強する」方向へとバイアスがかかり、当初の理論と合わない場合には、**データの隠蔽（いんぺい）や改ざん**さえも行われていたようです。

教科書が教える科学者像の正義を信じつつも、本当にそうなのだろうかと別の視点から眺められるようになることによって、今までとは違った科学や天文学の世界が見えてくるのかもしれません。

近代　1600年代〜1900年代

アイザック・ニュートン（1643年〜1727年）

●「太陽中心　自転地球　地動モデル」

イギリスの自然哲学者・数学者・物理学者・天文学者のアイザック・ニュートンは、著書『プリンキピア（自然哲学の数学的諸原理）』（1687年）に、「万有引力の法則」などを**ニュートン力学**としてまとめました（2−20）。

その結果、万有引力は〝地上にも天体にも応用可能な概念〟として受け止められ、「地球の自転・公転説」が定着するきっかけとなり、その後の天文学や物理学に大きな影響を与えました。

著書の中では、**天体の運動**や**太陽系の構造**、**惑星などの軌跡が楕円**、**双曲線**、**放物線を描く**ことに言及しており、さらに「ケプラーの法則」についても力学的説明を加えています。

また、万有引力に関しては、引力が発生する原因や理由ではなく、法則のみに絞って説明されており、〝原因についての仮説を説明する必要はない〟とする姿勢は、新たな方法論として受け取られました。

ニュートンの運動３法則

「第１法則」慣性の法則

外から力を加えられない限り
静止している物体は、静止状態を続ける
運動している物体は等速度運動を続ける

「第２法則」力は速度を変化させる

物体に力が働く時、力と同じ向きの
加速度が生じる
その加速度の大きさは、力の大きさに
比例し物体の質量に反比例する

加速度：a
運動方程式
$F = ma$
質量：m
力：F

「第3法則」作用反作用の法則

2－20

偉人の事件簿❹

権威者ニュートンのデータ不正

ニュートン誕生の直前に父親が他界し、ニュートンが3歳の頃に母親は再婚したため、少年期は祖母に育てられました。ニュートンが14歳の頃に、再婚相手を亡くした母親が戻り、母親はニュートンが亡き父の遺した農園を継ぐことを希望しました。しかし、化学書や日時計、水車作りなどに強い興味を抱くニュートンの姿を見て、親類や友人に相談した結果、ケンブリッジ大学トリニティ・カレッジへの入学を目指すことになりました。その受験準備のために、聖書、算術、ラテン語、古代史、初等幾何学なども学びはじめました。

そして、1661年にトリニティ・カレッジに入学。講師の手伝いをしながら学ぶ「サイザー」としての出発でした。

大学では、ニュートンの才能を高く評価した数学者アイザック・バローの影響を受け、1664年に、奨学金を支給される「スカラー」となり、1665年には学位を授与されました。恩師アイザック・バローとの出会いによって、ニュートンの才能は一気に花開いたのです。

ニュートンが学位を取得した頃、ロンドンではペストが大流行し、1665年から1666年にかけて帰郷したニュートンは、故郷の静かな環境の中で、その頃着想を得ていた問題を、深く考察する時間を持つことになりました。

そして、この18カ月間に「ニュートンの三大業績」が生まれています。一つは「微分積分法」、二つ目は「プリズムによる光学」、三つ目がりんごの落下で着想を得たという「万有引力」でした。

ニュートンは１６６７年に書籍『無限級数の解析』を書き上げ、１６７１年に発表しました。さらに微分積分法についての論文『流率の級数について』を１６６７年に発表しました。しかし、微分積分法は、その少し前にライプニッツ（１６４６年～１７１６年、ドイツの哲学者・数学者・科学者、元ドイツ・ベルリン科学アカデミー院長）が異なった視点ですでに発表していたのです。そのため、その後数十年にもわたる先取権に関する係争が続きました。

ニュートンは、その頃、イギリス最高の科学に関する王立協会（ロイヤル・ソサエティ）会長（１７０３年～１７２７年死去まで就任）であり、その紛争解決のために自らの地位を最大限に活用したと言われています。１７１２年に微積分の先取権に関する審査を行った王立協会がまとめた報告書は、ニュートンの主張を全面的に認めて完全に擁護しており、さらに、「ライプニッツが盗用を行った」との告発をしています。しかし、これらは、ニュートン自らが書いた文章だったのです。

現代科学を飛躍させるために多大な貢献をしたとして尊敬され、偉大な人物とされているニュートンですが、本人の日記や書簡の記録から、その人間性に関する異論が漏れ聞こえています。「地位を欲しがり、中央政界にも足を踏み入れたがった」「権威を笠にきて同僚とのいさかいを絶えず引き起こした」などと。

有名な経済学者ケインズは、それまで散逸していたニュートンの遺品の約半分を競売で回収し、熟読しました。そしてニュートンをこのように評価しています。

「ニュートンは、卑金属を貴金属に変えようとする魔法使い（錬金術師）になろうとしていた。彼は近代科学の創設者ではなく、中世科学の最後に咲いたあだ花だった」

先取権などに関する論争は、前述の「微積分法の先取権」以外にも、「1672年フック（細胞や弾性限界の発見者）と光の分散・干渉理論の論争」や、「1679年、ニュートンが1687年に発表に至った万有引力の先取権に関するフックとの論争」に続き、「1680年フラムスティード（初代グリニッジ天文台長を約40年間務めた）と彗星論争と対立」などがありました。

フラムスティードの日記や書簡によるニュートン像は、「陰険で、野心的で、賞賛を過度に熱望し、反駁（はんばく）されると我慢できない性格」というものでした。彼らの最初の衝突は、1カ月間に2回出現した彗星が、同一か違うものかに関する論争でした。〝同一〟と主張したフラムスティードが正確な観測データを持っているのに対して、ニュートンは〝別物〟と主張を譲らない状態でしたが、その後、ニュートンが自らの間違いを認めて収束しました。この件で、ニュートンの自尊心はひどく傷つき、その後、ことあるごとにフラムスティードを蹴落とそうと画策し、辛く当たるようになっていったそうです。

ニュートンの主張は、当時イギリス以外のヨーロッパにおける学者が唱える自然哲学とは大きく異なっていたため、彼らからの評価は決して高いものではありませんでした。ニュートンの力学体系は、〝体感することができないオカルト的で異様なもの〟として否定されていたほどでした。

特に「万有引力の法則」に反対の哲学体系を強く唱えたのが、前出のドイツのライプニッツでした。ニュートンはその反論を跳ね返すために、『プリンキピア』第二版において証拠データの数々の精度を向上させました。

例えば、万有引力の理論と、提示した数値の開きに関して、ある変数の相関関係が合致するように手を加えて修正したのです。他にも、「音速」や「春分点の歳差運動」の計算も修正していました。そのことは、当時誰一人として気づく者はいませんでした。

しかし、そのことに関してニュートン研究の第一人者リチャード・S・ウェストフォール（1924年～1996年、アメリカの科学史家）は、このように述べています。

「真理の規準として精密な相関関係を提案しながら（ニュートンは）、それが正しいかどうかではなく、その精密な相関関係が適切に提案されたかどうかに注意を払ったのである。『プリンキピア』の説得力の大半は、妥当な範囲をはるかに超えた、意図的な見せかけの精度による。もしも『プリンキピア』によって近代科学の定量法が確立されたとするならば、この数学の王者が行うようには捏造の要素を効果的に操作することは誰にもできないという、およそ高尚とは呼べない真理をも同様に示唆することになったのである」

その後の科学者が、自己の主張する理論に支持を集める方法として、ニュートンの手法を学び、活用しただろうと想起できるのです。

偉人の事件簿⑤

ニュートン力学の混迷

ニュートンの理論が適応できる対象は、慣性基準系内の物質内においてのみです。

例えば、「自由落下するエレベータ内の人は重力を感じない」のは、そこに垂直方向の「慣性の法則」が働いているからであり、光速以下の場合に当てはまります。その法則が太陽系で成立するためには、太陽や地球などの惑星は「静止している」か「等速度で直線運動を続けている」必要があります。

『プリンキピア』（１６８７年）が書かれた当時、光（電磁波）が真空中を進むための媒体として「エーテル」は、多くの科学者に支持されていました。

その後、「光速はある地点から見て一定なのではなく、宇宙の絶対空間の中で地球が自転する方向に光は速く進み、反対方向には遅く進むのかもしれない」と予測した、２人のアメリカの物理学者アルバート・マイケルソン（１８５２年～１９３１年）とエドワード・モーリー（１８３８年～１９２３年）が、１８８７年に「マイケルソン・モーリーの実験」を行いました。

しかし、地上であらゆる方向に発射した光の速度を計測しても、方向の違いによる速度差を確認できませんでした。つまり、ニュートン力学による絶対空間の中で、「自転する地球」が否定されてしまったのです。ロンドン王立研究所は、「19世紀の物理学は今、暗雲に覆われようとしている」と表明しました。

自転する地球上で回転方向による光の速度差がないことは、逆に不動の大地である天動説が復活することにつながります。平面大地は、上下の軸が固定された絶対空間を想定することができます。大地を取り巻く空間が静止状態のエーテルで満たされているのであれば、光はどこまでも一定の速度で進むことができると考えられるのです。

『どんでん返しの科学史』小山慶太著、P113

ノーベル物理学賞受賞者のアメリカの物理学者スティーヴン・ワインバーグ（1933年〜2021年）は、ティコ・ブラーエが唱えた修正天動説（地球は宇宙の中心に固定され、他の惑星は、太陽を中心に公転している）について、ニュートンが触れている内容を紹介しています。

「ティコの基準座標系のような、地球が静止している基準座標系を採用したとすれば、遠

くの銀河は1年に1回転するように見えるだろう。そして、一般相対性理論においてはこの巨大な動きが重力に似た力を生み出し、ティコの理論どおりの動きを太陽や惑星に与えるだろう」ニュートンはこのことに気づいていたように思われる。『プリンキピア』には掲載されなかった「命題43」の中でニュートンは、「もしも通常の重力以外の力が太陽と惑星に作用しているとすれば、ティコの理論は正しいかもしれない」ことを認めている。

『科学の発見』スティーヴン・ワインバーグ著、Ｐ３２２

ニュートンは、太陽を中心に地球を含む惑星が楕円軌道を描いて公転しているとするケプラーの法則について、各種法則や定理を定式化した「命題43」の中で記述していました。この発表から約２００年後に実施された、前述のアルバート・マイケルソンとエドワード・モーリーによる「マイケルソン・モーリーの実験」では、静止しているように見える地球上において、自転や公転による慣性の力を見つけることができなかったのです。

アルベルト・アインシュタイン（1879年～1955年）

●［太陽中心　自転地球　地動モデル］

自転する方向に進む光と逆方向の速度差が認められず、暗雲が立ちこめたロンドンの闇を吹き飛ばす人物が登場しました。それが、アインシュタインです。

アインシュタインは、「巨大な星であるほど大きな力が働き、近くを通る光が**歪む**」理論や、「早く移動している物であるほど、時間の経過が遅くなり、サイズが**縮む**」理論を発表しました。

スイスの特許庁に勤める無名のアインシュタインは、1905年、26歳の時に、参考文献がない論文『運動物体の電気力学について』という「特殊相対性理論」についての初めての論文を突如発表しました。そして、1916年に「一般相対性理論」によって〝重力波〟による光が曲がる現象を予測し、1919年には実際に観測されたとして注目を浴びることとなりました（2－21）。

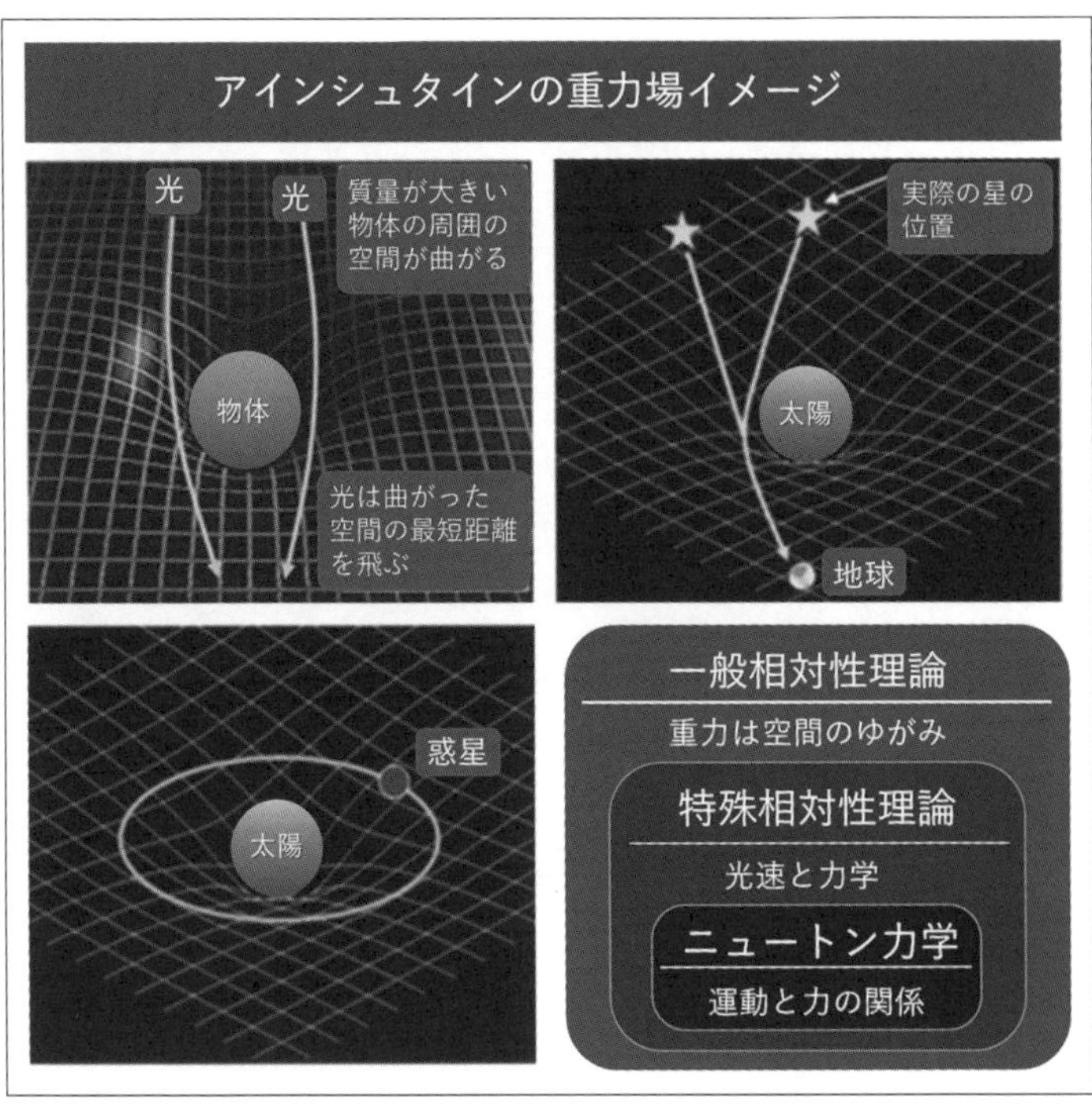

2－21　「重力波」は、アインシュタインの一般相対性理論に基づく概念であり、大質量の天体の動きによる「重力場」の変動が波として空間を伝播する現象。アインシュタインの「重力場」は質量を持つ物体によって生じる場であり、ニュートン以上に大きな質量を想定した重力理論。

相対性理論は、一般常識をくつがえすような内容にあふれていました。

①時間の伸縮（重力が強いところでは時間が遅く進む）、②光の屈曲（大きな質量を持つ惑星などの近くでは、光が曲がる）、③重力波（重力の影響は、波の形で伝播する）、④宇宙の膨張、⑤ブラックホール　など。

意表をつく内容であり、高等数学を駆使して構築されているため、一般人にとっては、その難解な点が、逆に魅力的な理論に聞こえ、〝やっぱり天才は発想力が凡人とは違う〟と、ことあるごとに取り上げられてきたのです。

偉人の事件簿❻ 相対性理論の間違いが発覚！

「相対性理論」は、発表されてからすでに１００年以上が経過している法則です。その間に「おかしいのではないか?」と声を上げる物理学者もいましたが、握りつぶされるか無視されてきました。

アインシュタインの理論は、それまでの常識であったガリレオの相対性原理や、ニュートンの物理的な運動法則を前提としていました。ニュートンは、ボールを強く投げると速く飛んでいく常識の世界に、〝不変の光速を伝える物質〟として、当時一般的に語られていた「エーテル」が仲介していると仮定していました。さらに、地球は高速で回転や移動をしており、そのため「エーテル」には強い風が発生しているものと考えられていました。

そこで、前述のアルバート・マイケルソンとエドワード・モーリーが、１８８７年に光の移動に伴うエーテルの干渉縞発生の実験「マイケルソン・モーリーの実験」を行いました。しかし、その結果は、期待する数値が得られず失敗に終わったのです。

その後も何度となく多くの物理学者が同様の実験を繰り返しましたが、不変の光速を伝える物質である「エーテル」の存在が確認できませんでした。前提となる高速に回転する地球の速度が間違っているのか、誤差の範囲のような結果しか得られなかったのです。

『アインシュタインの相対性理論は間違っていた』（１９９３年）の著者であるフリーの科学ジャーナリスト窪田登司氏は、自らの計算結果と比べ、アインシュタインの間違いを3点述べられています。

1．光速度は一定の値を仮定して相対性理論が構築されているが、水に入る光は屈折し速度が変化していることが直感としても理解できる。このことを数学的に証明すること

ができた。

2. 物質に対する相対性原理を唱えたガリレオの相対性原理を、アインシュタインは光の伝搬に応用したが、光は物質ではなく電磁波であるため該当しないことを、座標に変換して証明することができた。

3. アインシュタインは、静止状態と移動中の慣性状態の区別はできないとした。さらに落下する力は「重力」のためなのか、または落下中の「加速度」のためなのかの区別はつかないとしたが、「光の絶対性」を利用することで、それらが区別可能な物理現象だとの理論を構築できた。

２０１１年9月23日、ＣＥＲＮ（欧州原子核研究機構）内のニュートリノ実験チーム「ＯＰＥＲＡ」が、アインシュタイン理論による「光速度不変の原理」を否定する、驚きの発表を行いました。その内容は、７３０・５㎞離れた2点間をニュートリノが「光速より０・００００００６秒早く到着」したという実験結果です。

実験期間は3年。１６０人の研究者が、約1万５０００ニュートリノ反応のデータ解析を繰り返し、さらに6カ月間かけて慎重に再テストや再検証等のクロスチェックを行った結果として発表されました。その後、実験結果を全世界で精査してもらうために、実験の全データを公式サイト上に公開しました。

２０１１年9月29日発行の『ネイチャーダイジェスト　Ｖｏｌ8　Ｎｏ．12』では、日本の「Ｔ２Ｋ」と米国の「ＭＩＮＯＳ」という2つの共同実験チームが、それぞれ実験結果を検証しようとしていると報じています。〝どちらのアップグレードにも1年以上かかるだろう。その間、「Ｔ２Ｋ」実験と「ＭＩＮＯＳ」実験の研究チームは、自分たちの既存の実験データを見直して、「ＯＰＥＲＡ」実験の結果と整合性があるかどうか確認する予定である〟としていました。多くの科学者たちの反応は、「物理的な解釈をするな」という声が強く、「理論を一緒に考えよう」という前向きな態度ではありませんでした。

その後、実験結果が公表された形跡はなく、実験は実施されなかったようなのです。その理由は、驚きの発表から約8カ月半後の２０１２年6月8日、京都で開催された「ニュートリノ・宇宙物理国際会議」の中で、〝ＧＰＳ装置の一部が正確に接続されていなかった〟として、ＣＥＲＮ自ら実験結果を撤回してしまったというのです。

ＣＥＲＮといえば、世界中の情報を一括収集可能な能力を秘めた「インターネット」発祥の研究機関であり、「宇宙の起源」について調べているとされています。裏では「フリーメイソン」が影響を与えているともいわれています。もしかすると現在の宇宙体系を守りたい、新たな実験結果を隠したい、何らかの強い圧力が裏で働いていたのではないのかと一旦疑って、この情報を自分の中にインプットしておくことにします。

「相対性理論」を否定する学者たちによる書籍は複数出版されていますが、先鞭をつけた窪田氏の『アインシュタインの相対性理論は間違っていた』等に専門家が反応することはめったにありません。

しかし、窪田氏の出版後、間を置かずに『相対性理論はやはり間違っていた』（1994年）が出版されました。ここには、大学教授や著名なジャーナリスト8名の方々が名を連ねて分析記事を寄せているのです。他には、ジャーナリストの船瀬俊介氏が、著書『世界をだました5人の学者』（2022年）の中でアインシュタインを取り上げ、このように述べています。

光速絶対論の崩壊で相対性理論100年の嘘もバレた！

さらに空間物理学者コンノケンイチ氏からは、『ホーキング宇宙論の大ウソ――これが無限宇宙の素顔だ！』（1991年）や『ビッグバン理論は間違っていた――よくわかる宇宙論の迷走と過ち』（１９９３年）が立て続けに出版されています。

宇宙の大きさの設定は、ガリレオの時代から徐々に巨大に膨れ上がり、宇宙誕生からの歳月も大きく引き延ばされてきました。『天の科学史』（２０１１年改訂版）の著者である中山茂氏（元神奈川大学名誉教授）は、学生から受けたくない質問の第一に、「**すぐに変わってしまう宇宙の大きさと寿命**」を挙げられているほどです。

カール・セーガン（1934年～1996年）

●［太陽中心　自転地球　地動モデル］

アメリカの天文学者、宇宙学者、天体物理学者、作家。神秘的な宇宙理論（ビッグバン、ブラックホール、銀河の形成、宇宙の進化等）や地動説を、著書やテレビ科学番組『Cosmos』を通して紹介し、一般大衆に共通認識となる宇宙観を広める役割を果たしました。

特に人気があるとされている言葉が以下です。

「我々は星の塵（ちり）から生まれ、星の塵に戻る」

巨大な地球も人間も、ともに「塵」にたとえ、広大な宇宙理論の中では、ちっぽけな存在であると説明することにより、一人一人の人間としての存在価値の軽さの定着を目論んでいるように思えてしまいます。

これからの天文学とアマチュアの力

天体望遠鏡の発展と手の届かない天文学

１６０９年にガリレオ・ガリレイが自ら製作した屈折式望遠鏡（口径38㎜、焦点距離１２８０㎜、倍率30倍）による月や惑星の観測によって、光学観測の幕が開きました。ガリレオは、天体に向かう「対物凸レンズ」が、望遠鏡内で焦点を結んだ少し後ろに、「接眼凹レンズ」を配置することで「正立像」を見ていました。ただし高倍率を得ようとすると、視野が極端に狭くなって星を見つけにくくなっていました。

その欠点を改良した、ヨハネス・ケプラー考案の屈折式望遠鏡が１６１１年に発表されて、さらに高倍率の天体観測ができるようになりました。接眼レンズと対物レンズは、両方凸レンズであり、「倒立像」になりますが、接眼レンズ直前にピントが合うメリットを生かし、その位置に糸を十字に張ることで、星座の位置を正確に記録できるようになったのです。しかし、屈折式望遠鏡のレンズの直径を大きくして高倍率を得ようとすると、対物レンズが厚くなり、レンズの透過率が落ち、対象が暗く見えにくくなっていきました。
その欠点を解消したのが、全長を抑えつつ高倍率を実現できる、１６６８年に作られたニュートン式反射望遠鏡です。それまで見えなかった暗い天体も見えるようになり、星図に記載される星の数は数千個から数万個に膨れ上がっていったのです。

17世紀には、君主の意向に沿った天体観測を行う官僚としての天文学者がいる一方、一般のアマチュア天文学者が、より自由な立場から天体観測を行い、自分の考察を発表するようになっていました。

しかし現代では、大学や国立天文台などの専門機関に雇用された天文学者が、研究用機材を利用して天体観測を行うようになっています。したがって、一般人が、より倍率の高い可視光線に基づく観測結果のデータを活用しようとすると、公的専門機関の調査データを信じるしかありません。そのため、現状では、アマチュア天文家が手を出しにくい世界になり、観測結果に対する意見を交わす機会も限られています。

１８３９年、イギリスの天文学者ジョン・ハーシェル（１７９２年〜１８７１年）が、初めて天体望遠鏡にカメラを取り付けて撮影を行うという、望遠鏡よりさらに高い精度の観測結果を得る方法が開発されました。それが、写真解析技術です。撮影された写真の恒星と惑星間の距離の変化を、第三者に対して客観的に伝えることができるようになりました。

さらに、高精度な映像を見たい欲求に応え、１９３７年アマチュア天文家のグロート・レーバー（１９１１年〜２００２年）によって、口径９ｍの電波望遠鏡が開発されました。全天の電波源の分布を調査し、１９４３年までの観測結果を発表したことで、第二次世界大戦後の電波天文学の爆発的発展の先駆者となりました。

そして電磁波による観測技術は、可視光線以外に電波、赤外線、紫外線、X線、ガンマ線と、全波長による天体観測へと発展していきました。例えば、X線による2点間での観測データの解析によって、天体観測画像の解像度は格段に向上することになったのです。

20世紀に入ると、さらに国の補助や、財団のような大手からの支援が行われるようになり、巨大な天体望遠鏡などを備えた大規模な観測施設が開設されていきました。１９２８年6月、それまでの望遠鏡の口径が１００インチ（２５４㎝）の時代に、ロックフェラー財団から６００万ドル（現在の貨幣価値で約１４９１億円）の莫大な資金援助があり、パロマー天文台（米国カリフォルニア州）に口径２００インチ（５０８㎝）の望遠鏡が設置されたのです。そして１９４８年に、エドウィン・ハッブル（１８８９年〜１９５３年）によって、観測が開始されました。その後、パロマー天文台には、３機の望遠鏡が次々と設置されています。

さらにNASAなどからは、天文観測衛星が打ち上げられ、新たな恒星や星雲などの新天体が次々と発見されるようになりました。同時に宇宙線や、ニュートリノなどの粒子を捉えて宇宙の姿を探る動きも生まれ、ますます一般の人々からは隔絶された宇宙天文学の世界になってきているのです。

アマチュアはどのように天文学へ貢献できるか？

現在、私たちは、個人で100倍～300倍の望遠鏡を使用して、月のクレーターや惑星を詳しく観察することができるようになりました。ニコンのデジタルカメラP900やP1000による超高倍率の撮影技術が、一般個人に開放されたことは大きな出来事となりました。自然の真理を追究しようという人々が、高解像度の撮影によって、月面の超リアル映像等を自ら記録できるようにもなりました。こうして、世界中の人々が、さまざまな工夫を凝らして、天体を観測し、大地の曲面を探し、真実を追究することに大きく貢献しています。

しかし、個人的に、地上や天空に輝く天体に関して疑問や違和感を抱き、その原因を明らかにするには、アマチュアとしての限界があることも事実です。身近な事象から自分なりに発見した小さな疑問や、自分の感覚と定説との間にある違和感に気づいたとしても、今まで国家規模で組織的に取り組まれ、常識として定着している内容を論破するための検証手段は限られていると言えるでしょう。

そこで、その解決策の一つとして挙げられるのは、オンラインネットワークの活用です。インターネットの普及により、世界中の人々が一斉に天空の星々の動きを観測し、データをリアルタイムに収集することができるようになりました。

例えば、２０１７年8月17日には、「二重中性子星連星」が合体した時の観測結果が世界中で共有され、論文として３６７７名の研究者が名を連ねて提出されました。天文学に興味を持つ民間人がつながったことによって、新たな発見への道が開かれはじめているのです。

個人が高精度な観測機器を利用できるようになり、人々がつながって協力し合うことで、今までにない大きな力を発揮できる機会が広がってきているのが、これからの天文学の世界なのではないでしょうか。

[まとめ] 天文学が引っくり返った!

古代から数多くの学者が、天体の構造について考察を重ねてきました(2−22)。

古代ギリシャ時代から近代まで、天文学の歴史を通して見た時に最も大きな転機となったのは、それまで約1400年間定着していた「天動説」から「地動説」にひっくり返したコペルニクスによる●**[太陽中心公転地球　地動モデル]**である『天球の回転について』の著作の発表でした(2−23)。

コペルニクスによる「太陽中心の地動説」は、それまでの「天動説」と比べて科学的に優れていたのだろうか?

プトレマイオスは、それまでの「従円」「周転円」に加えて、「離心円」「エカント」を導入することによって、惑星の軌道を高い精度で予測できるようになりました(2−24)。

これに対して、コペルニクスの地動説は、視点を天空から地面に移し、数学的には全く等価に置き換えたものでした。太陽中心にすることでシンプル化できたのは、「周転円」の廃止の

●地動説　◎天動説　主な天文学者

古代ギリシャ

アナクシマンドロス

◎浮遊平面大地

ピタゴラス

●自転地球
球対称

フィロラオス

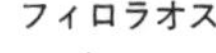

●中心火説

エクファントス

●自転する
球体地球

プラトン

◎静止地球
多重天球

エウドクソス

◎天動説の始祖

ヘラクレイデス

●地球中心
一部太陽中心

アリストテレス

◎静止地球
同心天球

ヘレニズム

アリスタルコス

●初の太陽中心説

エラトステネス

◎静止地球
多重天球

古代ローマ

アポロニウス

◎従円・周転円

ヒッパルコス

◎古代天文学
の体系化

プトレマイオス

◎離心円・エカント
『アルマゲスト』

ルネサンス

コペルニクス

●地動説を1400年ぶりに復活
『天球の回転について』

ティコ・ブラーエ

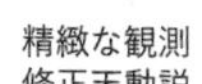

◎精緻な観測
修正天動説

ケプラー

●惑星の楕円軌道

ガリレオ

●望遠鏡で観測
木星の惑星を発見

近代

ニュートン

●万有引力の法則

アインシュタイン

●相対性理論
重力場

カール・セーガン

●科学啓蒙
惑星探査の指導

2－22

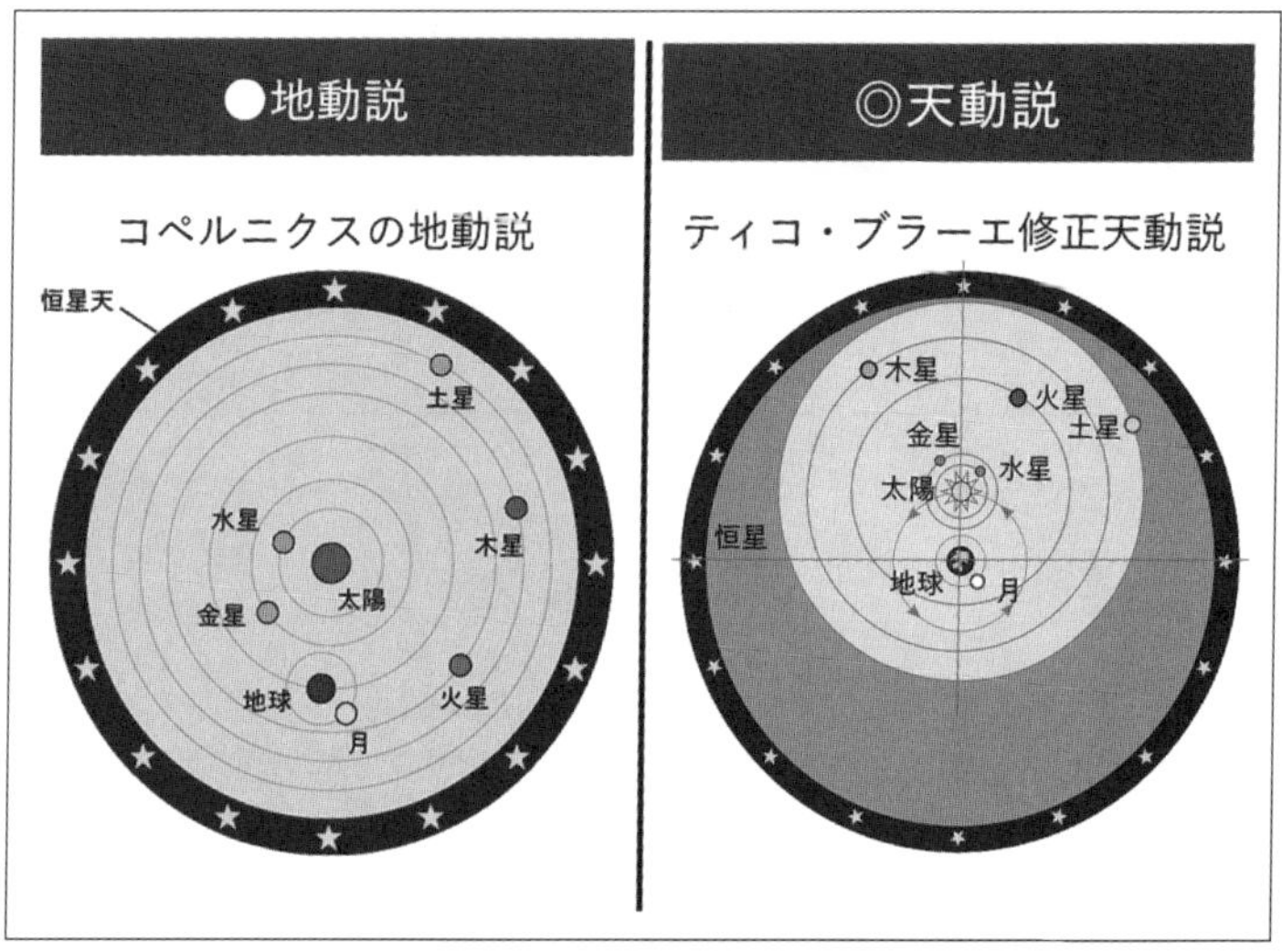
●地動説
◎天動説
コペルニクスの地動説
ティコ・ブラーエ修正天動説
恒星天
土星
水星
木星
太陽
金星
地球
火星
月
木星
火星
金星
土星
水星
太陽
恒星
地球
月

2 −23

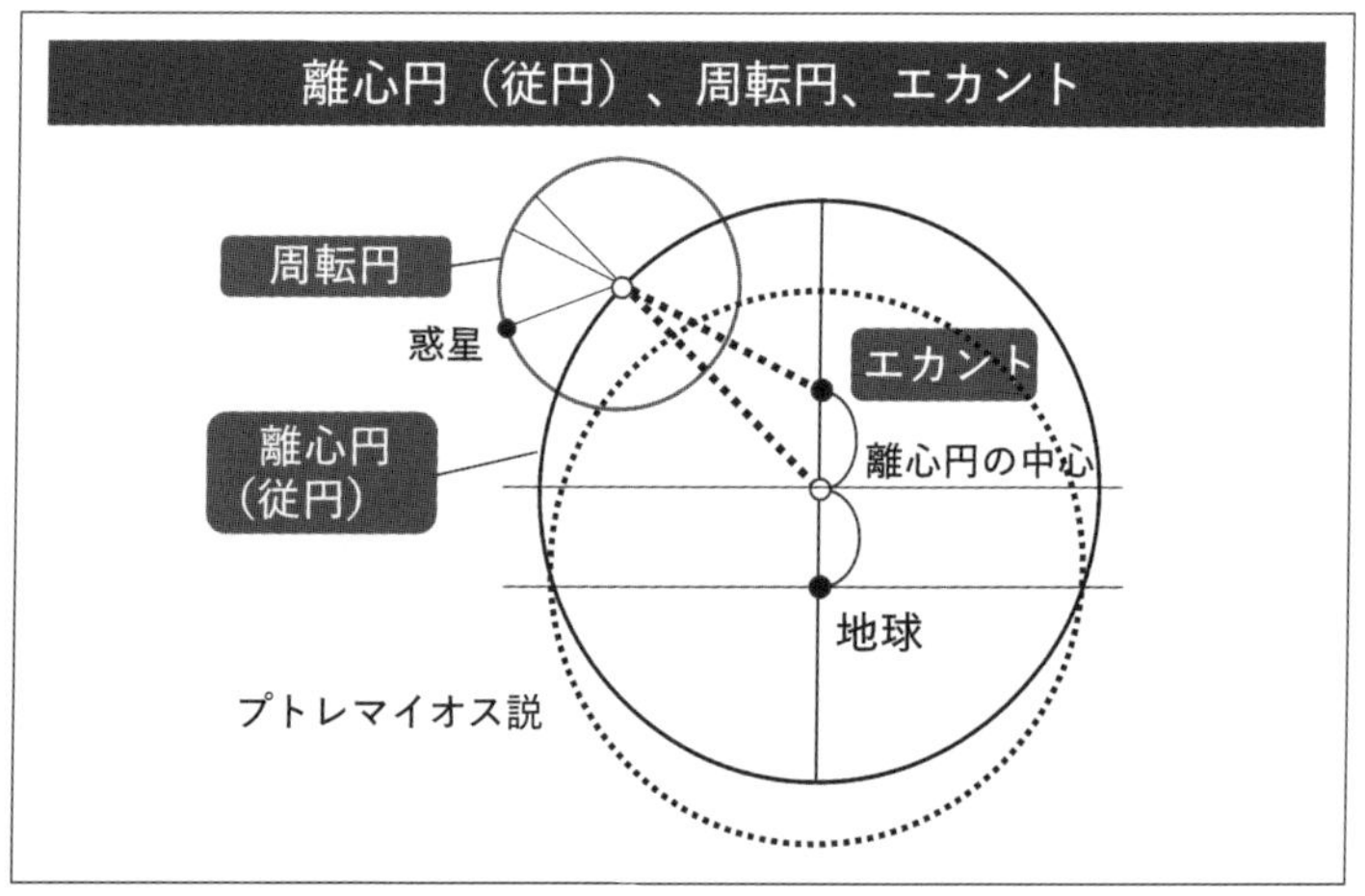
離心円（従円）、周転円、エカント
周転円
惑星
エカント
離心円
（従円）
離心円の中心
地球
プトレマイオス説

2 −24

みであり、複雑さは残っていたのです。

しかし、よりシンプルに惑星の不規則な動きを表現したいという思いがその後の世代に引き継がれました。ケプラーによる惑星の楕円軌道の構想。ガリレオによる木星を周回する４個の惑星の発見と続きました。

ニュートンの「万有引力の法則」によって、球体であることの説得力が増し、自転・公転が受け入れられる理論化が進みました。しかし、自転方向に進む光と逆方向の光の速度差が確認できないために、再び「不動の平面大地」説が支持されそうな状況となっていました。そこで、難しい数式を使って解決策を提示したのが、「光速一定の法則」を発表したアインシュタインでした。

「天動説」から「地動説」に切り替わったきっかけとなった人物はコペルニクスであり、その背景をさらに探る必要がありそうです。天文学者は、純粋に科学的な視点で誠実に真実を追究したいと観察と計算を続けてきたのだと思います。しかし、そこに何らかの意図が潜り込み、ある方向に誘導しようとする力が働き、本来の天文学が歪められていないのか、さらに調査を進めていきます。

第3章

「地動説」を広めたのはイエズス会⁉宗教的権威による宇宙観の洗脳

太陽神崇拝と日出ずる国・日本

古代より洋の東西を問わず人類は、生命にエネルギーを注ぎ続けてくれる太陽を特別な存在として崇めてきました。

アフリカから生まれたとされる人類は、太陽が昇る方面への憧れや探究心により、徐々に東方へと移り住んでいきました。その中でも中東の「失われた10支族」として有名なユダヤ人たちによるイスラエルは、紀元前11世紀から紀元前8世紀まで、12支族で構成される民族国家を形成していました。

紀元前922年頃、ソロモン王の死去に伴い、それまでの過重な事業開発による重税や苦役に不満を抱いた大衆の反乱があり、10士族による「北イスラエル王国」と、2士族による南の「ユダ王国」に分裂しました。紀元前722年になると、「北イスラエル王国」は、隣国「アッシリア王国」によって滅ぼされてしまったため、自らの国土を持たない「失われた10支族」としての放浪の旅がはじまりました。

南イスラエルのユダ王国に残った「ユダヤ人の2支族」（大多数のユダ族と、少数のベニヤミン族）は、聖典「モーセの十戒」を厳格に守る「一神教」のユダヤ教徒たちです。それに対して、放浪をはじめた「失われた10支族」は、「多神教」に対して寛大な態度を取る人々だったそうです。

そして中東から、さらに太陽が昇りはじめる東を目指し、中国や東南アジアを経てたどり着いた極東の地が、日本列島だったともいわれています。元ユダヤ人の末裔だったかもしれないとされている「神武天皇」の即位は、北イスラエルが滅亡した紀元前７２２年の約62年後の紀元前６６０年なのです。

現代よりも当時は温暖だったといわれる日本の東北地方を中心に、イスラエル人の特徴を持った帽子、衣装、髭等を表現した埴輪が多数発掘されています。

太陽が昇りはじめる地を求めて移動してきた人々は、太平洋に面する東の果て、日本列島まで到達したようです。美術史・歴史学者の田中英道氏（東北大学名誉教授）の著作によると、イスラエル人が到達した「高天原（たかまがはら）は関東にあった」とされており、太陽神崇拝が両国を結びつけたということになります。高天原の地名は、奈良県や宮崎県高千穂、九州北部、高知県等に残っています。

その後、北イスラエル王国を滅ぼしたアッシリア王国は、新バビロニアとして力を発揮しはじめ、紀元前５９７年から紀元前５８６年にかけて、南イスラエルの「ユダ王国」の人々を、バビロニアへ強制移住（バビロン捕囚）させると、ついに「ユダ王国」は滅亡し、その国に住んでいた多くのユダヤ人たちは、世界中へ散らばっていったのです。

古代中国の戦国時代に、初代皇帝となった元ユダヤ人だと思われる「秦の始皇帝」（紀元前259年〜紀元前210年）の末裔たちが、温暖で争いが少なかった日本列島に到達していたようです。そこは、海に囲まれ安全で、食料や水が豊富で、民族としての同化がはじまりました。

そして平安京等の高度な都市開発、大仏鋳造等の高度な金属加工技術、陶芸や織物技術等の専門技術者集団として日本に定着し、天皇を補佐する存在になっていったのです。

現在「八幡神社」は各地にありますが、元はユダヤ人だったと思われる「秦氏」を祀る神社であるといわれており、「ヤハタ」とよく似たヘブライ語である「イエフダー」の意味は「ユダヤ」なのです。さらに、京都の祇園祭は有名ですが、「ギオン」の発音は、古代ユダヤの「シオン祭」からきており、「シオン」とは、エルサレムの別名であり、ヘブライ語では「ツィオン」と呼ばれていました。

世界最古とされる縄文土器（最新の計測技術によって約1万6500年前と判明）が発掘されている日本列島です。しかし出土物からは、陥没した頭蓋骨や、武器などの争った形跡を確認できる遺物が非常に少ないのです。さらに、よそから来た者にさえも開墾地が与えられたこともあり、太陽神を崇拝するユダヤ人たちは、温厚な日本人と同化していったのです。

多神教に寛大だった「失われた10支族」によるユダヤ人の宗教は、日本の「神道」に形を変えて定着していったようなのです。

「神道」には「経典」がなく、自然界の至る所に精霊の存在を認めて神格化しています。その中でも主神である太陽神として登場するのが、皇室の祖である「天照大神（あまてらすおおかみ）」です。日本の『古事記』や『日本書紀』の神話の記述が、『旧約聖書』の内容と酷似している点も偶然ではないのでしょう。

八百万（やおよろず）の神を信じる日本人は、現代から明治時代まで両親を含め７代さかのぼると、ご先祖様は64人になります。これが戦国時代の28代前までさかのぼると、なんと１億３４２１万７７２８人ものご先祖様とつながっているのです。ほぼ単一民族の日本人は、国民のほとんどが親戚関係ということです。そこから生まれる日本人の思いは、「たくさんのご先祖を、我々は神と呼んでいます」という発想につながっており、国史啓蒙家の小名木善行氏によると、その適切な英訳は「We call many of our ancestor gods.」とされています。

日本における太陽神は、人々の不安に寄り添い安心を得るための存在でした。また、天皇が暦法を定め、季節ごとの祭事を行うなど、政（まつりごと）と天体は深い関わりを持っていました。

砂漠の国の宗教と太陽神崇拝

古来、世界各地で人々の生活圏には、さまざまな自然災害が襲ってきました。水（大洪水や海の荒波）、大地（地震や地すべり）、火（山火事、火災、火山の噴火）、風（台風、暴風雨）等々に人々は恐れおののき、なんとかその恐怖から逃れたいと切実な思いで神に安全を祈っていました。人々は心の平安を求めて、数多くの迷信の中に暮らしていたのです。

温暖な気候の日本では想像できませんが、砂漠地帯においては、灼熱の太陽は神として捉えられることはなく、むしろ「悪魔」として捉えられる存在だったようです。

一神教と悪魔の誕生

古代エジプトは多神教であり、太陽神が崇められていました。その後、紀元前14世紀（紀元前１４００年～紀元前１３０１年）頃にツタンカーメンの父親であるアメンホテプ４世が、名前をアクエンアテンに改名し「アテン信仰」をはじめました。「アテン」のみを神として崇め、偶像を一切認めない、初の一神教がはじまりました。それまでの権力者は多様な神を崇めていましたが、絶対権力者が登場し、「唯一絶対神」が生まれたのです。この「唯一絶対神」は〝絶対善〟であり、刃向かう者は〝絶対悪〟となり、「二元対立論」が生まれました。言うことを聞いて従う善い行いの者は天国へ行き、罪深き者は地獄で永遠に苦しむのだとされたのです。悪魔への恐怖感はさらに増すこととなり、政治力を強める背景として、宗教は強大な力を秘めるようになっていきました。

その後生まれたユダヤ教、キリスト教、イスラム教が共通して崇める神は、全知全能の「唯一絶対神」であると同時に「悪魔」も内在しているのです。これらの宗教は、人間は元来「原罪」を持って生まれているとしています。それに対して、「性善説」を取っているのが、ロシア正教や東方正教会であり、これは日本の精神性と通じるところがあります。

「デーモン、幽霊」と同義語の「悪魔　deofol」（現代語訳：偶像・欺瞞（ぎまん））の用例は、古代英語で西暦８２５年頃から確認されています。悪魔の外観は、内面の欠陥を表すために異様な姿をしており、コウモリのような翼や、天から墜落したために身体が不自由であり、陰気な顔つきによって、人々に恐怖感を植え付けてきました。

神に仕え、その使者として地上に遣わされる天使は、３階層に区分されており、さらに各階層の中は３位階で構成されています。最高層の天使３位階は、セラフィム、ケルビム、座天使であり、最も有名な堕天使の**ルシファー**は、最高位階のセラフィムでした。ところが、神に最も近く最高位にあったルシファーでしたが、自己愛が過ぎ、おごりや嫉妬心から、とうとう神までも敵とみなし、神に成り代わろうとしてしまったのです。そして、大天使ミカエルとの戦いに破れたルシファーは、味方した多くの天使たちと一緒に地獄に落とされ、堕天使となってしまったのです。

ユダヤの行動原理

灼熱地帯の中東からは、3大宗教が生まれています。初めにユダヤ民族（ヘブライ人）のための民族宗教である一神教のユダヤ教が紀元前13世紀頃に生まれました。ユダヤ教をはじめたモーセは一神教「アテン」の信者でした。ユダヤ教を崇めるユダヤ人たちは過酷な砂漠地帯に暮らしていました。貧しい上に他民族から抑圧を受ける苦しい暮らしに耐えて生きていたのです。ユダヤの地は、エデンの園から追放された者たちが住む「窮乏の地」であるために苦しんでいるのだと考えられていました。その困難な状況から救出してくれるのがユダヤ教の神「ヤハウエ」であり、絶対服従によって「カナンの地（パレスチナ地方）をユダヤ民族に分け与える」とする神と民との絶対の契約が交わされているとされてきました。

万能の創造主「ヤハウエ」との約束を破った人間には、厳罰が下され、命を奪われる厳しい戒律主義の宗教です。しかも神の存在は、現実の世界では確認できないことから、創造主の偶像崇拝が禁じられています。

ユダヤ思想の根幹を成す活動の原点とも言える内容について書かれているのが、『旧約聖書』や聖典『タルムード』、『シオンの議定書』です。

『旧約聖書』の「レビ記」第20章24節には、このように記されています。

我は汝等の神エホバにして、汝等を他の民より区別せり

国土を持たない放浪の民ユダヤ人は、他国の民と同化することなく特別な存在だとしています。

「申命記」第28章1節には、さらに世界に大きな影響を持つ言葉が記されています。

汝の神エホバは汝をして他の諸々の国土の上に立たしめ給うべし

聖典『タルムード』には、ユダヤ人の生き方の基本的な考え方が記されています。以下GHQによって焚書とされた1942（昭和17）年発刊の北条清一著『思想戦と国際秘密結社』（P143）より引用します。

「この世の中で人間と呼ばれるものはユダヤ人だけであって、それ以外の人間は、人間とは呼ばれない、動物と呼ばれるのである」

「神から生れ出たものは、ユダヤ人だけであって、ユダヤ人以外の民族は悪魔の子である」

「ユダヤ人は、人間よりももっと高等である、神のようなものである」

「非ユダヤ人の財産を管理することは、ユダヤ人の権利である。また、ユダヤ人は非ユダヤ人を殺生する権利を持っている」

「ユダヤ人は何処へ行こうとも、自らその地の王とならねばならぬ」

そして日本語訳の『旧約聖書』から、明治時代以降になって消された、『新改訳聖書』に記されている原文が以下です。

汝等は、主たる神が汝等に与えた諸民族を滅亡させよ。諸民族に同情してはならないし、彼らの神々に仕えてはいけない。それらは汝等に仕掛けられた罠なのだからユダヤ民族以外の民族を滅亡させせよ

申命記　第7章16節

異邦人には利子を課しても良いが、イスラエル人に利子を課してはならない。そうすれば汝等が得ようとする土地で汝等が獲得する総ての財物に対して、神の祝福が与えられる

申命記　第23章20節

汝等が主たる神に全身全霊で仕え、モーゼが汝等に与える神すべての司令に服従するならば、主たる神は地上のいかなる民族よりもはるか上位に汝等を据えるだろう

申命記　第28章1節

山の幸、海の幸など豊かな恵みに満ちた自然とともに暮らす日本人の「性善説」とのあいだには、想像することさえできない隔たりを感じます。厳しい環境で生き抜くための知恵として授かった言葉のなんと激しいことでしょう。国としての共同体を持たないユダヤ人が生き延び

るためには、他に助けを求めることなく自分を信じ貫き通すことが、自身の行動原理として身体に染み込んでいるのでしょうか。

しかし現在、一般のユダヤ教徒は、真摯に神と向き合い、お互いの幸福を願っている人がほとんどだとは思います。

キリスト教の浸透

2021年時点において、ユダヤ教徒（約1500万人）、キリスト教徒（約23億人）、イスラム教徒（約18億人）と推計されています。キリスト教とイスラム教は、ユダヤ教の唯一絶対神「ヤハウエ」をもとに誕生しています。

イエスはユダヤ教徒でしたが、その厳しい戒律主義を批判し、本来の「ヤハウエ神」は「愛」によって人々を救うのだと説き、信者を大きく増やしていきました。そのようなイエスの行動は、ユダヤ教の教えに背いているとされ、ユダヤ市民により、イエスはローマ帝国の支配者に引き渡されました。そして磔（はりつけ）の刑となり、死後3日目に復活し、その後昇天したとされ、崇められるようになりました。「愛」を説くキリスト教は、ユダヤ教のような民俗宗教から脱却し、異民族も信者として迎え入れ、世界宗教として浸透していきました。

その後、1世紀から2世紀にかけて、『旧約聖書』の内容を包含して作成された『新約聖書』は、当時の国際語であるギリシャ語で書かれていました。しかし、その内容は聖書の教えを拡大解釈しており、新たに「教皇」という崇拝される身分を生み出すこととなりました。そして、ローマ帝国に公認されて以降「ローマ・カトリック教会」は、時の権力者と結びつきを強め、信者を急速に増やしていきました。

16世紀になると教会の一部の権力と財政に対する批判が高まり「宗教改革」の機運が生まれ、「プロテスタント教会」が誕生しました。聖書をより厳格に解釈しようとする「プロテスタント」の一部には、聖書の創世記の解釈に基づき、「神が世界とその生命を、特に人間のために創造された」とする見解を持つに至り、現代では、「進化論」や「地動説」を認めない人が多いようです。

「愛」に基づく教義を説いたキリスト教でしたが、ある時期からその教義がねじ曲げられ、強烈なエネルギーを発する、唯一絶対神による「絶対善」と「絶対悪」が対比されるようになりました。そして人々が恐怖の感情を抱くことで、より教義が浸透するように利用されていきました。

現在のキリスト教では、「悪魔」は神が「天国」に対比して創造されたものであり、全ての創造物は、「善」であると同時に「悪」でもあるとされています。「善」を行う権利と同様に

「悪」を行う権利を神は与えたとされているのです。

イスラム教と戒律

イスラム教で最も重要な預言者の一人とされている「アブラハム」（紀元前2000年頃?）は、ユダヤ教、キリスト教、イスラム教、共通の始祖といわれています。この3宗教は、聖書に登場する多くの「預言者」や人物を、ともに認め尊重していますが、イスラム教において「イエス」は、重要な「預言者」であり、「神の子」という位置づけではありません。

イスラム教は、唯一絶対神「アッラー」を信仰する一神教として、7世紀にアラビア半島で誕生しました。最後の預言者とされる「ムハンマド（マホメット）」（西暦570年頃～西暦632年）が、唯一絶対神「アッラー」から啓示を受けて記録した『コーラン』（イスラム教の聖典）を基盤としています。

イスラム教には、『旧約聖書』や『新約聖書』の一部の教義や物語が含まれていますが、その共通部分は、『コーラン』の教えと一致する内容に限られており、世界中のイスラム教徒が従う以下のような戒律が含まれています。「五行」の実施（信仰告白、礼拝、喜捨、断食、巡礼）、「ハラール」（許される行為や食物）と「ハラーム」（禁じられたもの）、「ヒジャブ」（謙虚さから女性が公の場で髪の毛を完全に覆う）、「ニカブ」（より謙虚に顔の大部分を覆い目だけ開ける）等。今でもイスラム教徒の信仰生活と日常生活は、「シャリーア法」（イスラム法の法体系）として、各国のイスラム教徒によって厳格に守られています。

地動説を広めよ！　イエズス会の暗躍

大航海時代には、ポルトガル、スペインが世界進出し、貿易により富を獲得しようと世界各地を植民地化していきました。

その先遣隊として、キリスト教の宣教師が布教活動をはじめます。そして、広くいきわたった後に、軍隊がその国の富を独占していくという手法が取られました。

その中心となったのは、１５３４年に創設され、「教皇の精鋭部隊」と呼ばれた**イエズス会**の宣教師たちでした。１５４８年にはイエズス会の創立者で初代総長のイグナチオ・デ・ロヨラによる『霊操』が出版されます。それは、ローマ教皇への絶対的服従と自己犠牲を求め、軍隊式のピラミッド型組織が規定されており、イエズス会に入信する宣教師のための訓練マニュアルになっていました。そこには、相手の空気さえも操る手法が書かれており、徹底した洗脳方法を教え込んでいきました。

元イエズス会のアルベルト・リベラ氏（1935年〜1997年）によると、イエズス会の目標は、「世界中の教育機関に影響を及ぼし、ワンワールド宗教を形成することであり、個々の教会から独自のシステムを取り除き、全ての教会が彼らの宇宙観や思想を導入すること。科学を乗っ取ることで、地球を創造した**創造主を取り除く**ことができる」ということです。

イエズス会創設後、「地動説」が本格的に普及をはじめました。西洋における最先端の文化として、「天文学」や「地動説」は、**暦法や地球儀**、**航海術**などとともに世界中に広まっていったのです。

日本には、1549年にポルトガル王ジョアン3世の依頼によって、カトリック教会司祭で宣教師のフランシスコ・ザビエルが鹿児島に上陸しました。彼はイエズス会創設者7名のメンバーの1人でもありました。薩摩藩の許可を得て布教をはじめましたが、薩摩藩主の島津氏が許可を下した理由は、外国貿易からの利益を得るためでした。

翌年に宣教師たちは、鹿児島の島津氏と敵対関係にあった長崎県の平戸に移動し、武器販売をはじめたため、それに怒った島津氏は、薩摩でのキリスト教布教を禁止しました。その後、長崎の大村氏は、敵対関係にあった肥前との激戦の軍資金に窮したため、長崎の3つの村落を抵当として差し出し、ポルトガルから来ていた宣教師に金を借りることになりました。まさに思う壺にはまっていったのです。そして結局は、宣教師たちに、長崎市まで含めた治外法権の土地を与えることになってしまったのです。

1587年に豊臣秀吉は、国内で最後まで抵抗していた薩摩を征服した後、長崎の治外法権地に着目しました。そして宣教師たちから長崎や、その付近の抵当地を取り戻したのです。その後、秀吉は、キリスト教宣教師を手先とする日本侵略計画を知り、キリスト教絶対厳禁の命令を下しました。さらに1596年に秀吉は、キリスト教のフランシスコ会司祭6名と日本人20名の処刑命令を出し、翌年、長崎で磔刑(たっけい)に処したのです（日本二十六聖人殉教）。その時イエズス会司祭は、裏で秀吉にフランシスコ会司祭の悪事を巧みに伝えていたといわれています。

有史以来17世紀頃までは、「天動説」が主流でした。古代中国の天文学者たちは、天が「陰陽」の「陽」で成り立っており、太陽は「動きのある球である」と捉えていました。そして大地は「陰」であり、「平面で静止している」と解釈していました。

「イエズス会」が中国で布教をはじめたことで中国の状況は一変し、「球体論」へと変化していったのです。

こうしてローマ・カトリック教会の精鋭部隊イエズス会によって、「球体地球」や「地動説」が急速に世界中に広まっていきました。

ユダヤ商人とヨーロッパ社会

ユダヤ人とは、古代イスラエルとユダ王国発祥の民族であり、加えて宗教信仰共同体です。つまり、ユダヤ教の律法（モーセ5書内613の戒律）を守ることができれば、人種を問わずユダヤ人になれるのです。

ユダヤ人は、10世紀頃にヨーロッパに登場し、他の民族以上に商人としての能力を発揮しました。ヨーロッパで外国人として扱われていた国を持たないユダヤ人たちは、土地を持つことが許されないために農業を営むことができませんでした。

そして、一般人が避けたいと思うような職業を強制された歴史があります。それが貸金業でした。11世紀から12世紀の西欧社会に貨幣が行き渡るようになり、それまでの物々交換の社会から貨幣経済の社会へと移行していきました。人と人が顔を合わせコミュニケーションを伴いながら行う商売から、貨幣を媒介とするドライな経済活動へと大きく社会が変化していったのです。さらに、貨幣を自由に操り大きな富を生み出すユダヤ人に対して一般庶民は、恐れの念さえ抱くようになっていきました。社会に浸透するキリスト教思想や社会秩序の中で、ユダヤ人は徐々に恐れられ虐げられる立場に変化していったのです。

反ユダヤ思想として、悪魔（サタン）との仲介をユダヤ人が行ったとする、次のような「契約書の物語」が、６世紀頃の中世ヨーロッパに残されています。

小アジア（現トルコ、アナトリア半島南部アダラ）のテオフィロス司教が行っていた儀式を、新しい司教が横取りし、その威厳を奪いはじめました。元の影響力を取り戻したいと思ったテオフィロス司教は、ユダヤ人の魔法使いに相談します。「サタンに会わせてやる」。呼び出されて、夜中に人影のない場所に行くとサタンとその崇拝者が待っていました。サタンが司教の望みは何か？　と聞くと「失った権威を取り戻すことができたら、サタンに仕えることを約束します」。司教はサタンへの忠誠を誓い、正式な契約書に署名して渡します。そして、テオフィロス司教は、権威を取り戻すとともに、肉欲と高慢で堕落した生活を送るようになったのです。しかし、それと同時に、地獄に引きずり下ろそうと、次々とデーモン（悪霊）が送り込まれ、強い恐怖体験が続きました。そこで、その恐怖から逃れたいと強く願い、自らの罪を悔い改め、聖母マリア様に助けを求めます。マリア様が地獄から契約書を取り戻し、契約は破棄され、テオフィロス司教は、元の生活に戻ることができました。

この伝説から、サタンとの仲介者としての、反ユダヤ思想とマリア崇拝が進み、契約の概念の起源となりました。その後17世紀には、魔女裁判の証拠物として「サタンとの契約書」が取り扱われるほどになっていきました。このように、悪魔（サタン）の存在は、現実感を伴って人々の心の中にしっかりと根付いていったのです。

ルネサンス時代キリスト教の地動説容認は期間限定だった⁉

１５４３年に、「地動説」を大々的に盛り込んだコペルニクスの著作『天球の回転について』が、氏の死後すぐにローマ・カトリック教会による検閲もなく出版されました。しかし、そこには特殊な事情があったのです。

紀元前45年に採用され運用されてきた「ユリウス暦」は、１年が３６５・25日であるために、

4年に1度の閏年には1年を366日としていました。これは128年間で1日のずれが発生し、制定後約1600年経った頃には、その差は10日ほどになっており、農作業や行事に支障が生じていました。そこで、より正確な暦法を開発するために、天文学者には自由な研究を許していた事情があったのです。決して「地動説」を容認していた訳ではなかったのです。

コペルニクスなどから提出された資料（『天球の回転について』の数値）や、他の学者の数値をもとに新しい暦を検討した結果、ローマ・カトリック教会は、1582年に今も使われている「グレゴリオ暦」を採用することになりました。「ユリウス暦」10月4日の翌日を、「グレゴリオ暦」の10月15日としました。誤差を少なくするために400年間に3回だけ閏年を省くことによって、1年が365・2425日になりました。そして、「ユリウス暦」では、約128年に1日のずれが、約3221年に1日のズレにまで精度が高まったのです。

つまり、ローマ・カトリック教会は、「グレゴリオ暦」採用までの期間限定で「地動説」を容認していました。しかし、その後、天文学を保護していた側から、徐々に抑圧する側に変化していきました。「地動説」に対する聖職者の解釈は、「地球が本当に移動や回転していることは許せないが、理論的に可能と表明することは問題ない。動くかもしれない大地が常に不動なのは、神のおかげである」と逆説的な理由を表明するようになったのです。

キリスト教はなぜ地動説を嫌ったのか？

「地動説」が広がりはじめた頃、聖書の解釈に厳格なプロテスタントだったマルティン・ルター（１４８３年～１５４６年、神聖ローマ帝国：現ドイツの神学者、宗教改革者）は、コペルニクスが提唱をはじめた「地動説」の噂について、以下のように言って嘆いています。

このばか者は天文学全体をひっくり返そうとしている。ヨシュアが留まれと言ったのは太陽に対してであって、地球に対してではない。

聖書には、神のおかげで「大地が不動になった」と述べられている箇所や、戦乱時に神の意志で「太陽が静止し逆行した」と記されている箇所があります。

ルターは、コペルニクスの「太陽中心説」であれば太陽は常に静止しており、ヨシュアが「留まれ」と言って動きを停止する存在ではないということを問題視し、さらに大地が動くとは、神による支配が弱まった結果となるため、「地動説」を拒絶したのです。

ルターがこのように批判した理由は、「コペルニクスが、対立していたカトリック教会の司祭だったから」とウィキペディアには書かれています。しかし、前述の内容から「地動説」そのものを批判しています。

１６００年に、ジョルダーノ・ブルーノ（１５４８年～１６００年、イタリア出身の哲学者、天文学者）は「地動説」を唱えて実際に火あぶりの刑になっています。彼が教会を怒らせた原因は、「太陽が他の恒星と同様に特別な存在ではなく、宇宙には特定の中心がなく、地球も特別な存在ではない」と唱えた点にあったようです。

しかし、彼は１５７６年にカトリック教会から嫌疑をかけられ、１５９２年ベネチアで逮捕されるまでは、海外で自由に研究内容を発表しており、「ローマ異端審問所」の力はイタリア国外にまで及ぶことはありませんでした。

その後ローマ教皇庁は、１６１６年に「地動説禁止令」を布告しました。

１６３３年のガリレオ・ガリレイは宗教裁判で有罪評決の後に「それでも地球は動いている」と発した言葉が有名ですが、真偽は不明です。敬虔なカトリック教徒のガリレオが異端の徒として裁かれた理由は、政敵が仕組んだ罠であり、さらに「哲学や宗教」から「科学」を分離することを提唱し、教会の権威やアリストテレス哲学からの脱却を図ったため、とも言われています。

しかし、１６１６年以降、「地動説」で裁かれたのはガリレオただ一人であり、またイタリア限定の制限であったこともあり、「地動説」発表の場は、フランスやドイツなどにも広がっていました。

【まとめ】太陽神崇拝と天動説・地動説

コペルニクスによる地動説への大転回と太陽神崇拝

第2章「天文学の歴史」で述べたように、「天動説」から「地動説」への最大の転機は、コペルニクスによる●**【太陽中心公転地球　地動モデル】**について書かれた『天球の回転について』（3―1）の発刊です。

古代ローマ時代から、約1400年にわたって定着していた、プトレマイオスによる◎**【静止大地中心　天動モデル】**という定説を、コペルニクスはなぜ掘り返したのだろう？

コペルニクスの信じていた宗教とは何だったのか、その理由を調べてみることにします。

太陽神崇拝のヒント①『永井俊哉ドットコム』[※1]サイトより

※１

もっとも有力な候補は、当時流行していた太陽崇拝の神秘思想、ネオプラトニズムである。

ネオプラトニズムとは、ローマ帝国時代の3世紀に、エジプト出身のプロティノスが、500年前の思想であったプラトンの哲学（プラトニズム）を継承して作り上げた神秘思想のことである。15世紀のフィレンツェで、マルシリオ・フィチーノが、メディチ家の保護のもとプラトンやプロティノスの著書をラテン語に翻訳すると、彼らの思想が再びイタリアでブームになった。

古代ギリシャの哲学者プラトンは、「美とは・善とは」等を突き詰めて考えました。特に「イデア論」は最も注力した思想であり、その中でも「善のイデア」が最高のものだとしていました。古代ギリシャのプラトンによるイデア論等の著作が、フィチーノによってラテン語に翻訳されるとイタリア中でブームになり、それまで長く眠っていた天文学に光が差し込みはじめました。

フィチーノは善のイデアと太陽を同一視し、その結果フィチーノのネオプラトニズムは

さながら太陽崇拝の宗教のようになった。コペルニクスはフィチーノの太陽崇拝思想の影響を受けて太陽中心の地動説を考案したのではないかとクーンは言う。

コペルニクスの時代には、プラトン哲学に基づく「プラトニズム」を継承して作られた神秘思想の太陽崇拝が流行っていたのです。この思想を実現するためには、プトレマイオスの◎**［静止大地中心　天動モデル］**ではいけなかったのです。

例えば、フィチーノは、太陽が最初にしかも天の中央に作られたと著作に書いた。たしかに太陽の威厳と創造的機能にふさわしい時空上の位置は他にはあり得ない。しかしその位置はプトレマイオスの天文学とは両立不可能であり、そこから帰結するネオプラトニズムの問題を解決するために、コペルニクスは太陽中心の新しいシステムを構想するに至ったのかもしれない。

永井氏が、多くの文献に当たられて導き出されたコペルニクスが太陽を崇拝する宗教観は、今まで調べてきた各種宗教とその背景の流れにピッタリ収まったと感じることができます。

コペルニクスが太陽崇拝に至った経緯についてさらに探ってみました。

天動説のプトレマイオス
「アルマゲスト要約版」

約1400年間支持された天動説
「アルマゲスト」要約版の表紙

コペルニクスが、当初参考
にした全１３巻の要約版

地動説のコペルニクス
「天球の回転について」

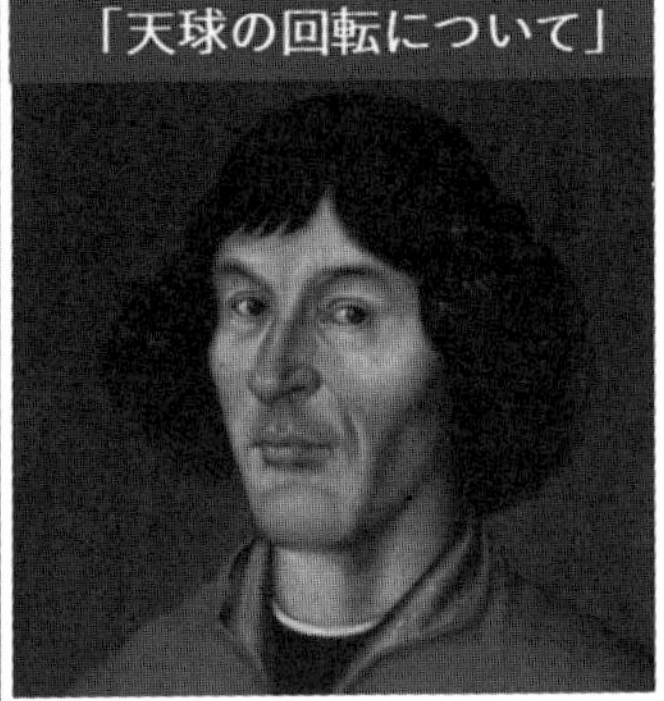

天動説を数学的に置き換えた
「天球の回転について」の表紙

NICOLAI CO
PERNICI TORINENSIS
DE REVOLVTIONIBVS ORBI-
um cœlestium, Libri VI.

Habes in hoc opere iam recens nato, & ædito, studiose lector, Motus stellarum, tam fixarum, quàm erraticarum, cum ex ueteribus, tum etiam ex recentibus obseruationibus restitutos: & nouis insuper ac admirabilibus hypothesibus ornatos. Habes etiam Tabulas expeditissimas, ex quibus eosdem ad quoduis tempus quàm facillime calculare poteris. Igitur eme, lege, fruere.

Ἀγεωμέτρητος οὐδεὶς εἰσίτω.

Norimbergæ apud Ioh. Petreium,
Anno M. D. XLIII.

死の間際に出版された地動説

3－1

太陽神崇拝のヒント②　書籍『科学史からキリスト教をみる』より

日本の科学史家、科学哲学者である村上陽一郎氏の著作『科学史からキリスト教をみる』（２００３年）に、関連する記述を見つけることができました。

16世紀頃からはじまるヨーロッパのルネサンスが、〝科学革命を生み出し、一気に世界の中心へと踊り出た〟という説について、村上氏は「半分以上同意できない」と語っています。ケプラー、ガリレオ、ニュートンなどが作り上げた近代科学と、現代科学との間には大きな隔りがあるというのです。

コペルニクスが「地動説」を唱えた結果、「天動説」支持だった教会からは迫害を受ける代わりに歓迎さえされているのです。それは単に新たな暦を作る時期だった理由だけではなかったようです。

その頃の「天動説」と「地動説」は、数学的に等価であり、視点の違いだけでした。プトレマイオスの「天動説」は、円座標の座標変換によって即座にコペルニクスの「地動説」に置き換わっていました。プトレマイオスの「天動説」が有利だった点は、「年周視差」が認められないことでした。その後「年周視差」が観測されたとされているのは、１００年以上後の１８

３０年代になってからだったのです。

15世紀末にコペルニクスは、ヤゲウォオー大学で「スコラ学」を学んでいました。その頃多くの書物がラテン語に翻訳され、そして多くの異教的で異端的な書も教材として採用されていました。その一つが、フィチーノの『太陽と光について』であり、まさに太陽を信仰する内容が書かれていました。太陽信仰と、キリスト教創世記の創造神話とを結びつけるこの思想は、新プラトン主義として当時ブームを呼び、新たな神学体系が生まれていました。

ヨーロッパ中心に科学革新が起き、現代までつながっているとしていますが、コペルニクス、ケプラー、ガリレオ、ニュートンまでは近代科学ではなく、神学的な自然観だったと村上氏は述べられています。その頃の学者には論敵がおり、近代科学者に対してルネサンス的神秘主義者と言われています。しかしその議論の中心は、例えば四と三ではどちらがより神聖な数字かを巡る争いだったのです。三位一体の三か、完全数の四かというような。

このように後世の人にとって、より有利な方を歴史に残すやり方は、「ウィッグ史観・勝利者史観・歴史修正主義」と呼ばれています。

太陽神崇拝のヒント③　ＹｏｕＴｕｂｅ『ガリレオＣｈ』より[※2]

『ガリレオＣｈ』では、「コペルニクスのヘルネス教・太陽神崇拝」について説明があり、コペルニクスの言葉が紹介されています。

玉座に座すごとく、太陽はまわりをめぐる星々の一族を統べ治めている。

「太陽神崇拝」による強い影響力によって、それまでの「天動説」から「地動説」へ移行したとすると、ルネサンスの後に現代科学が世界に浸透する時点で、「天動説」か「地動説」かを選択する余地はあったのか、については次章以降で取り上げていきます。

ニュートンの死（１７２７年）後、ナポレオン・ボナパルト（１７６９年〜１８２１年）の年代になると、「無神論」を唱える者が出てきました。「カントラプラスの星雲説」（１７５５年にカントが唱え、１７９６年にラプラスが補説した、太陽系の起源についての仮説。緩やかに回転する高温の星雲状ガスが、冷却収縮するにつれて回転を速め環が生じ、環は球状にまとまって星雲となり、中心に残ったガスが太陽になったとする説）で有名なラプラスが書いた宇

※２

宙論を、ナポレオンが読み、ラプラスを招いて質問したそうです。

「宇宙の造り主である〝神〟という言葉に一度もこの本の中で言及しなかったではないか。それは一体どうしたことなのだ」

するとラプラスは、

「閣下、私の宇宙論の体系にはもはや神は要らないのです」

と胸を張って答えたといいます。

創造主を前提とする「聖の立場」から、〝神は要らない〟とする「俗の立場」に基づく科学革命が、18世紀に起こったのかもしれません。


その後活躍したイエズス会は、「ローマ教皇の精鋭部隊」と呼ばれ、キリスト教（カトリック）とともに「地動説」を世界中に広めるための先兵役を担ってきました。

2013年、ローマ教皇ベネディクト16世は、聖職者による子供への虐待問題が表面化した際の対応が批判され、600年ぶりに存命中の退位を余儀なくされました。権威が失墜しつつあるローマ・カトリック教会の威信を回復するために登場したのが、史上初のイエズス会出身・第266代フランシスコ・ローマ教皇（自身はローマ司教と呼称）です（3―2）。

イエズス会の影響は現代にまで継続しているのです。

2013年ローマ教皇就任
初のイエズス会出身

ダーウィンも悪魔崇拝
コルナサイン

生贄のヤギを象徴した
悪魔像バフォメットの
角が特徴　※3

３－２

※３

第４章

科学はとっくに乗っ取られている！フリーメイソンによる宇宙分野への徹底侵略

フリーメイソンは、世界規模で活動している人道主義的友愛団体といわれています。会員数は諸説ありますが、世界中に約３４０万人いて、その半分の約１７０万人がアメリカに在籍しているとされています。

13世紀以降の中世ヨーロッパには、さまざまな職業によるギルド（同業組合）が誕生しました。その一つが石を加工して建築を行う石工組合です。組合員は、建築現場の近くにロッジ（小屋）を建て、泊まり込みで作業をこなしていました。

同業組合は、業界の利益を向上させ、特権を維持することが求められます。見知らぬ土地で出会った人々が、仲間であると認め合うために合言葉や独特の握手やポーズが広まり、今でもその慣習が残されています。

フリーメイソンは、世界中に組織化された支部を「ロッジ」として設置し、多彩な人々が加入しています。社会的地位にとらわれず、地域の中で横のつながりを作る際にロッジは、重要な役割を果たしてきました。信条は、「兄弟愛」「真実」「救済」であり、「自由」「平等」「友愛」「寛容」「人道」、この5つの基本理念の下に人道主義的友愛団体として活動を続けてきました。

今日につながるフリーメイソンの起源は、１７１7年に「グランドロッジ（大会所）」が設立されたイギリスにあります。しかし実質的には、複数のロッジがすでに運営されていました。

その組織は中央集権型ではなく、各ロッジが主権を持つ分権的なものでした。その起源が古代にあると信じられ、伝統を重んじる思想が重要視されるようになり、古代風の儀式が行われるようになっていきました。その理由は、キリスト誕生以前の旧約聖書の時代にさかのぼり、キリスト教発祥以前の時代から活動していたこととすることにより、当時統制が厳しかったカトリック教会との距離を置き、中世以降のさまざまな制約から逃れ、より自発的な活動ができると考えたからでした。

イギリスで組織化されたロッジは、その後世界各地に広まりました。特にアメリカには、およそ1万２５００箇所のロッジがあります。そこでは、アメリカに欠落している古代や中世の歴史を再現するかのような、格式の高い伝統衣装風の新たなフリーメイソンの衣装が創作され、定着していったのです。

フリーメイソンとキリスト教と自然科学

１７２３年、ジェームズ・アンダーソン（スコットランドの長老教会牧師）によって、『フリーメイソン憲章』（The Constitutions of the Free-Masons）が作られています。

元来は、ヨーロッパ中世の建築に関わるメイソン（石工）のギルド（同業組合）であった会員たちは、カトリック教会を建設しつつ、プロテスタント教会も建設していました。そのため、依頼主である両教会に対して中立的な立場を維持するように振る舞っていました。その結果、会員の宗派を問わない「宗教的寛容」が生まれました。

フリーメイソンの基本的な考えとは、まず創造主である神を信じることからはじまります。神が万物を創造し、世界は物質として存在しています。けれども神の存在を確認することはできないことから、物質の存在のみを信じる「唯物論」が生まれました。

物質は、神の意思によって存在が許されているが、その神を確認することはできません。神は、天地はじめ、生物や植物の全てを6日間で創造されました。神の創造物である物質は自然界に存在し、太陽は1日に1回、東から昇り、西に沈む運動を続けています。しかし、物質は自ら動くことができないため、天使によって動かされているのかもしれないとされました。

紀元前240年頃のヘレニズム時代にアリスタルコスによって、●［静止太陽中心　公転地球　地動モデル］を唱えた記録が、その後ルネサンス時代にフリーメイソンだといわれているコペルニクスによって掘り起こされ、同じくフリーメイソンであるニュートンの「万有引力の法則」によって「地動説」は、広く定着していきました。天体が公転するのは、「天使の力」

ではなく「万有引力の法則」のためであり、神の意志に基づく「自然法則」によって支配されているのだとしました。

しかし、自然現象の解析が進むにつれて、聖書に書かれている内容との矛盾が見えるようになっていきました。6日間で万物が創造されたにもかかわらず、化石を発掘すると現在の生物に進化したのではないかと思われる、数億年前の化石が見つかることがあります。

そこで、キリスト教を捨てないための理論である「理神論」が生まれました。

神の意志によって生まれた自然法則（自然を制御している法則）は、数式で書かれたもう一冊の聖書だと考えます。自然の神秘を解き明かすことが自然科学であるとして、自然科学者と教会は並立できるとしたのです。

『フリーメイソン憲章』は、歴史、責務、規約集、歌集の4章で構成されており、カトリックとプロテスタントの枠を超克した、「理神論」を思想基盤としているのです。

そして、フリーメイソンは、啓蒙思想の拡大に向けて百科事典出版事業に乗り出します。1859年『チェンバーズ百科事典』がイギリスで発刊され、19世紀から20世紀における最も重要な英語の百科事典とされました。当時強大な教会の影響を最小限に押しとどめつつ、集いやすいパブ等にグランドロッジ(フリーメイソンの支部)やグランドロッジ管轄下のロッジを設け、横のつながりを作る場として世界中に広まっていき、政財界に強い絆を築いていったのです。

天文学や科学においては、フリーメイソンであったニュートンの成功が、その後のフリーメイソンと科学両方の飛躍的な発展につながっていきました。

「地動説」を唱えた歴代のフリーメイソン

古代ギリシャ時代から、コペルニクスが1536年に「地動説」を唱えるまでは、「天動説」が支配的でした。特にルネサンス期のイギリスでは、カトリックとプロテスタントの対立や、政治的な立場の違い、軍事的対立などが激しくなり、天文学を自由な立場で研究できる場が求められるようになりました。天文学者は、フリーメイソンに所属しつつ、「太陽中心説」の定着を推進するようになっていったのです（4―1）。

「天動説」から「地動説」に世論の動向が変化した時期の有力提唱者の多くは、フリーメイソンだったと言われていますが、その方々がこちらです**（年代は没年）**。

ピタゴラス（紀元前496年）、ピタゴラス派：「地動説」を主張したピタゴラスおよびピタゴラス派は、秘密主義の教団を立ち上げ「太陽崇拝」のフリーメイソンだったとされています。

コペルニクス（１５４３年）：「天動説」を定着させたプトレマイオスから約１４００年後にカトリック司祭のコペルニクスは、「太陽崇拝」である古代の●［静止太陽中心　公転地球　地動モデル］を復活させました。主著『天球の回転について』の中で、「太陽が宇宙の中心の位置に固定しており、地球はその中の一つの惑星にすぎない」ことを強調しています。コペルニクスは、イエズス会員でフリーメイソンだったといわれています。

ヨハネス・ケプラー（１６３０年）：「楕円軌道説」を発案し、複雑な「球体軌道説」からの脱却を実現し、「地動説」の説得力強化に貢献しました。

ガリレオ・ガリレイ（１６４２年）：初めて手作りの天体望遠鏡を使い、月や太陽や惑星を観測し、木星を周回する４個の衛星を発見し、著作『星界の報告』で発表しました。これらの観察記録に基づいて、地球以外の惑星にも月と同様の衛星があり、「地動説」の証拠だと主張し、それをイエズス会が支持して世界に広まっていきました。

「地動説」は聖書の記述と異なっているとして、ローマ・カトリック教会の検閲機関である異端審問所がガリレオを訴えましたが、ベルラルミーノ枢機卿によって「仮説として地球が動くことは受け入れるべき」とされ、第1回ガリレオ裁判の訴えは却下されました。

次作『天文対話』は、ローマ・カトリック教会の異端審問所からの出版許可が下り、1632年に出版されました。しかし同年に異端審問所はその発売を禁止します。その後の第2回ガリレオ裁判の結果、有罪判決が出され、ガリレオは無期限の別荘での軟禁状態に置かれました。そのような中でも、物質の構造と運動法則についての著作『新科学対話』を残しています。

この裁判は「地動説」以上に政治的な権力闘争の結果だったともいわれています。1992年、ガリレオの死後350年経ってはじめて、カトリック教会はガリレオ裁判の有罪判決を改め「地動説」を承認しました。

アイザック・ニュートン（1727年）：「万有引力の法則」によって「自転・公転説」が定着しました。「力は、地上だけでなく、宇宙の中を瞬時に伝わる」と考えたため、反対する学者からは、「オカルト的な力を導入している」と非難されました。「力を媒介する物質があるはず」との反論に応えて発言を一部修正し、「重力というのは〝エーテル〟の流れが引き起こしているのかもしれない」とも述べています。

フリーメイソンの象徴コンパスと定規を持つ球体派
天文学者は、百科事典の挿絵等で権威づけされた

トーマス・ハリオット（1560年頃～1621年）：イギリスの天文学者
世界初の月面観測者としての記録が存在する（ 1609年7月26日）
ガリレオよりも４カ月早く望遠鏡を使って月のスケッチを描いていたが、未発表とされていた（月面図の出版は没後の1965年）
ガリレオ著『星界の報告』の出版は1610年だった
「フリーメイソン＆球体派」が歴史上の重要人物に抜擢されたのか？

４－１

アルベルト・アインシュタイン（1955年）：「光速一定の法則」による「相対性理論」によって、広大な多次元宇宙の概念が定着しました。

カール・セーガン（1996年）：一般大衆に向けた宇宙理論の著作や、テレビ科学番組で「地動説」を取り上げ、「地球や人間の存在は、大宇宙の中の塵のようだ」とする考えが定着しました。

ケプラー、ガリレオ、ニュートンなどが「地動説」を定着させ、その後アインシュタイン、セーガンなどが発展させましたが、彼らは全員フリーメイソンだとみられています。

だとすると、その主張の裏に潜む意図を確認してみる必要がありそうです。人類を最も効率よく洗脳し支配しやすくするには、宇宙観そのものについてだますこと、それがすなわち「地球球体説」だったのかもしれないのです。

「ビッグバン宇宙論」や、人類は猿から人間に進化したとする「進化論」も含め、「人間の存在価値など広大な宇宙の中のほんのちっぽけな存在でしかない」と思わせる理論を、私たちは子どもの頃から教育されてきました。

その「進化論」を発表したチャールズ・ダーウィン（１８０９年～１８８２年）も高位のフリーメイソンであり、ルシファー（サタン）を崇拝する悪魔主義者だったといわれています。
コペルニクス（１４７３年～１５４３年）より前の14世紀の中世ヨーロッパには、石工組合による実務的なフリーメイソンはすでに存在していました。しかし組織として認識されたのは18世紀のイギリスからであり、ニュートン（１６４３年～１７２７年）以降ということになります。古代に「球体地球」を推進した学者が、コンパスや定規とともに特定のポーズを取る肖像画は創作であり、その姿が百科事典に掲載されることにより、裏では密かに仲間意識を高め、表では「球体説」が事実であるという権威づけを行っていったようです。

フリーメイソンが認識されはじめた18世紀当初から、フリーメイソンに関する書籍や文献が執筆されはじめました。19世紀には、出版事業が拡大し、フリーメイソンの理念と歴史が一般に知られるようになっていきます。20世紀になると、人々の思想形成に影響を与える出版事業は、ますます活発に行われました。例えば、天文学者の権威を高めていた『ブリタニカ百科事典』は、スコットランドからの発刊でしたが、第11版（１９１１年）から版権がアメリカに渡り、多言語化された結果、その影響力は英語圏にとどまらず、世界規模に拡大していったのです。

しかし、フリーメイソンは秘密結社であるため、その活動内容や儀式の全てが一般に公開されることはありません。内部の秘密情報は、多層からなる位階間の「口伝」のみで継承されているのです。

ロスチャイルドによるフリーメイソンへの潜入

フリーメイソンが社会の裏側で力を発揮してきた背後には、世界の影の支配者といわれる大富豪ロスチャイルドによるフリーメイソンへの思想の浸透工作がありました。

ロスチャイルド家は、ドイツ・フランクフルトのユダヤ人居住区（ゲットー）出身ですが、今では世界で最も裕福なユダヤ人一族として、認識されています。

初代マイアー・アムシェル・ロスチャイルド（1744年～1812年）は、小規模な貸金や古物商から事業をはじめ、その後、銀行業を拡大し、銀行家としての地位を確立することで、ロスチャイルド家の基礎を築きました。

1816年には、オーストリア帝国の支配者ハプスブルク家出身の皇帝フランツ2世（在位1804年～1806年）から、ロスチャイルド家に男爵領が与えられました。その授与の理由は、ナポレオン戦争において、ナポレオン・ボナパルトによるウィーン占領時、フランツ2世に金融援助を提供した恩義からだったのです。その後、ロスチャイルド2世は、念願のイギリス貴族院に入り、各国の王室や政府との結びつきを深めることで、世界規模の金融帝国を築いていくことになりました。「貴族」の称号が、事業拡張に絶大な効果を発揮していったのです。

１７７６年、ドイツのイエズス会修道士アダム・ヴァイスハウプト（１７４８年〜１８３０年）は、マイアー・アムシェル・ロスチャイルドからの要請に基づき、25項目からなる実質的なフリーメイソンの活動目標を書き上げました。当時、ヴァイスハウプトは、イエズス会系インゴルシュタット大学の教会法と実践哲学の教授でした。また、ヴァイスハウプトは同１７７6年に自ら「秘密結社イルミナティ」をドイツに設立します。さらに、その翌年には、フリーメイソンに加入し、その組織等を学び、会員の引き抜きも行っています。

その後、ドイツ南部を中心に「秘密結社イルミナティ」は、ヨーロッパ全域に勢力を拡大しました。しかし、その無政府主義的活動を理由に、バイエルン州政府によって１７８５年活動を停止させられました。だが、それから現代に至るまで秘密裏に活動は継続されています。

ロスチャイルドは、今後の活動目標を示すために12名の富豪を招集して秘密会議を開催しました。その会議で示されたものが、全世界を支配しようとするためのロスチャイルドによる

「25カ条の世界革命行動計画」（世界の富や権力を統一するための行動指針［アジェンダ］）だったのです。その内容は、例えば「報道機関を支配する」「若者を性とドラッグで荒廃させる」「フリーメイソンのメンバーを市区町村や政府機関の要職に就かせる」ことなどです。

ここで私が注目したのは、第16条の内容です。そこには、このように書かれています。

フリーメイソンへの潜入については、自分たちの目的はその組織および秘密厳守のフリーメイソンから提供されるものは全て利用することである。「ブルー・フリーメイソン*」内部に自らの「大東社*」を組織して破壊活動を実行しながら、博愛主義の名のもとで、自らの活動の真の意味を隠すことは可能である。大東社に参入するメンバーは全て、勧誘活動のために、そして「ゴイム*」の間に無神論的唯物主義を広めるために利用されなければならない。全世界を統治する我々の主権者が王座に就く日が来れば、この同じ手が彼らの行く手を遮る可能性のある全てのものを払いのけることだろう。

＊ブルー・フリーメイソン　加入者向けのブルー・ロッジのことであり、フリーメイソンの位階は上から順に「親方」「職人」「徒弟」があるが、一般的なフリーメイソン会員の意味。

＊大東社　東洋の統括支部のこと。
＊ゴイム　ゴイの複数形であり、非ユダヤ人、家畜、ブタのこと。西洋人以外は人間扱いせず、家畜同然に扱っていた。当時は奴隷が献上品として贈られることもあり、西洋人の中でも特定の職業人への差別が公然とあった時代だった。

ロックフェラー財団やマスコミによる天文学界への浸透工作

20世紀に入ると、主にヨーロッパで活動してきたロスチャイルド財閥は、アメリカの石油王として大富豪になったロックフェラー家の支援をはじめることで、ロックフェラー財閥[※1]が台頭してきました。第2章の「天体望遠鏡の発展と手の届かない天文学」（145ページ）で述べたように、1928年6月にロックフェラー財団から天文台へ600万ドルが寄付され、その資金で大口径200インチ天体望遠鏡がパロマー天文台に設置されました（4－2）。さらに個人へは、パロマー奨学基金として（2020年換算で）総額約11億5000万円が授与されています。こうして、政治・経済・医療・教育・マスコミ等々を裏で支配する2大財閥の影響力は、

※1

天文学界においても広がっていったのです。そしてこの天体望遠鏡は、カリフォルニア工科大学、コーネル大学の他に、NASAのジェット推進研究所も共同で運用するようになっています。

パロマー天文台は、一般の人々が宇宙に興味をひく情報発信源として、文化的影響力を持つようになっていきました。パロマー天文台の主な成果事例は、「ハッブルの法則（宇宙が膨張している証拠を発見）」、「クエーサーの発見（遠くの明るい天体の発見）」、「スカイサーベイ（北半球の天体の座標と明るさのデータベース作成）」等々であり、数々の新発見の話題を提供してきました。また、ハリウッドに近いため映画撮影にも利用されてきました。

その後、新聞やテレビ等の各種メディアは、特定企業による寡占化が進み、ニュースの多様性や独立性が懸念されるようになっています。

2022年に起きた疑問だらけの安倍元首相暗殺事件ですが、翌日の新聞一面の見出しには、各紙同一文言が並び、何らかの意図を強く感じてしまいます（4−3）。

同様に天文関連では、2015年2月12日付け主要新聞の一面に「重力波　初観測」の文言が一斉に並んでいました（4−4）。一般の人々に「重力は確かに存在する」と強調することで、「重力は存在しないのかもしれない」との疑問を払拭するための思想統制そのものが行われてきたのではないでしょうか。

4－3

4－2

4－4

2015年「重力波を初観測」報道を支配する力

ロックフェラーまではフラットと習った⁉　１０２歳の証言

第2章で紹介したエラトステネス（79ページ）は、井戸と棒でできる影によって地球の全長を初めて推定したことで知られています。しかし、ご老人に話を聞いた人によると、そのような人物を学んだことがなかったと言います。そしてガリレオのことも学んだことがなく、さらにはコロンブス等の有名人は何らかの意図をもって創作された人物である可能性が浮上してきているのです。

１９１８年生まれで、動画撮影時１０２歳の女性が証言しています[※2]（４－５）。彼女は、ロックフェラー財団が天文台へ寄付を行った１９２８年には、10歳でした。当時の小学校では、「地球は平らだと教わったわ」「もちろん正しかったと確信しているわ」。

初代ロックフェラーは、１９０３年に教育委員会を立ち上げ、１９１３年にはロックフェラー財団を創設し、以降教育システムに関与し続けていきました（４－６）。さまざまな嘘を何度も繰り返し教え込み、それが当たり前になるまで教え続けてきたのかもしれません。

※2

ロックフェラーは、労働者の国を作りたいと語り、その言葉が残っています（４—７）。

「私は、思考する国を求めない。私が求めるのは、労働者の国だ」

支配下の大企業に働く労働者には、生活できる程度の賃金を支払い、適度な娯楽や満足感を与え、忙しくすることで思考する時間を与えないできたのです。

ロックフェラーは、独占禁止法違反で有罪になったこともありましたが、その後あらゆる教育システム作りに関わり、学校に必要な教材や資金を潤沢に与えることで、教科書の内容にまで立ち入るようになっていったのです。

ロックフェラー財団と教育システム

102歳の証言

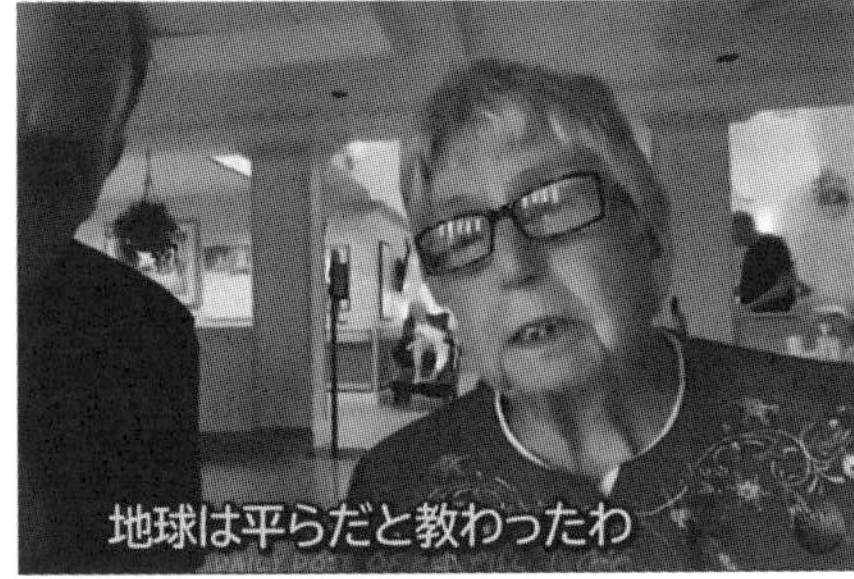

4－5

教育システムに関与したロックフェラー財団

4－6

ロックフェラーの言葉

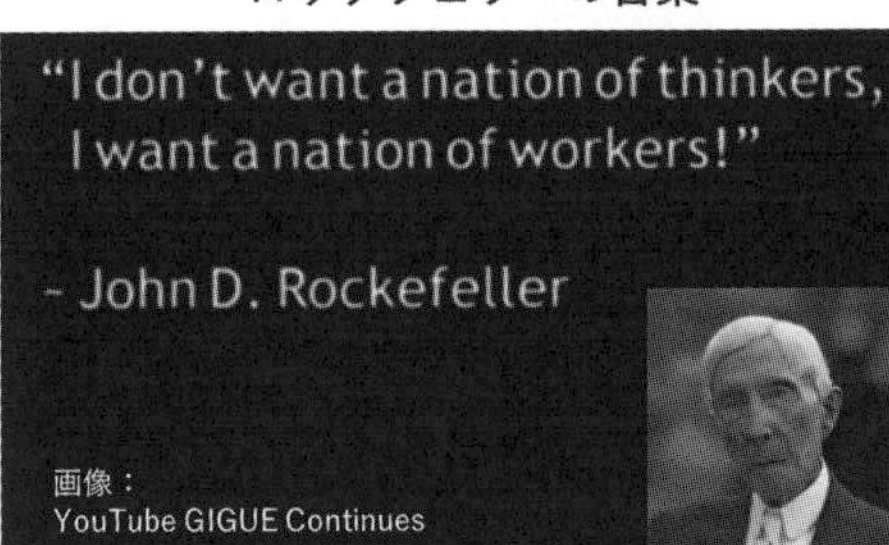

4－7

極秘中の極秘！　33位階の教え

人道主義的友愛を掲げ、互助的活動の「石工組合」から生まれたフリーメイソンでしたが、現在も正当な社会活動として「表のフリーメイソン組織」（4－8内a）を名乗り、公にメンバー募集が行われています。一般人の中から優秀な指導者にふさわしい人物を探し出す機能として、ロータリークラブやボーイスカウトなど、世界中の関連組織が活動しています。

「表のフリーメイソン組織」に入会すると、3位階（徒弟、職人、親方）を登っていくことになります。初めに「加入の儀式」が行われ、徒弟としてある程度の期間を経た後に、その人物が評価されると「昇格の儀式」が行われ、フェロー・クラフト（職人）に昇格します。最後は「表のフリーメイソン組織」のトップとして「マスターメイソン（親方）」と称して活動することになります。その人物が、より上位にふさわしいと認定されると、多位階を備えた「ライト」（4－8内b）に加入することになります。世界各地にさまざまなライトがあり、その中でも加入時の3位階と合わせて、33位階を備えた有名な組織に「スコティッシュライト」があります。フリーメイソンの秘密は、位階が上がるたびに明かされていきますが、途中段階では、上位階の目的が明かされないままに忠誠を誓う必要があります（4―9）。

その最上位である33位階へと上り詰めた一人であるヨハネ・ユリン氏のインタビューが、2011年6月6日フィンランドのTV7で放送され、YouTubeで確認することができました。

「ロッジには司祭と司教がおり、キリスト教と誤認されている」

「33位階においてフリーメイソンの真の神は**ルシファー**、つまり**サタン**であることが啓示される」

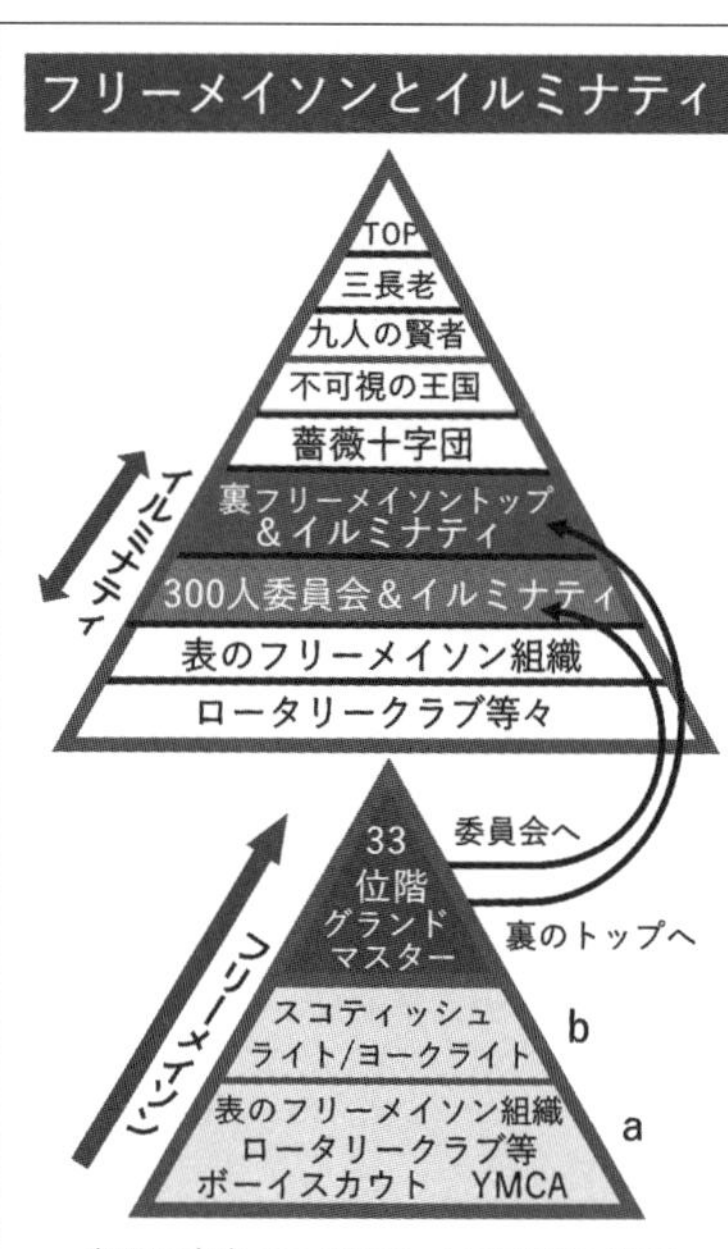

参照：真実&スピリチュアル世界の探求

4−8

画像：Facebook

4−9

と語りました。

ルシファーは、天上で天使として神に仕えていましたが、高慢さのために地獄に落とされ、堕天使として悪魔の長である「サタン」になったとされています。

表向き博愛主義を目指す組織に見えて、その実は悪魔崇拝の思想によって「無神論的唯物主義」を広め「全世界を統治する」目的が語られているのです。

インタビューによると、ユリン氏は、１９９１年から16年間フリーメイソンに所属し、最高位に上り詰めましたが、教えに疑問を持ち退会します。そして、その後に関係者の救済をはじめたそうです。

ところが、このインタビュー放送の17日後にユリン氏はバイク事故で亡くなっています。

初期のフリーメイソンは、５つの基本理念「自由」「平等」「友愛」「寛容」「人道」を目指して活動していました。そこにロスチャイルドによって「25カ条の世界革命行動計画」が持ち込まれ、人類の思想統制が実行に移されていきます。その実行部隊として優秀な人材が、世界中からピックアップされました。政治、経済、科学、音楽、教育等々のさまざまな分野において、フリーメイソンのメンバーによる互助的関係性が存分に発揮され、経済的な「富」は、世界中の多くの金融や大企業を掌握した富裕層のトップへと、ますます集中するように働いていったのです。

フリーメイソンがＮＡＳＡを設立？

アメリカはフリーメイソンの国!?

１７７６年、アメリカはイギリスから独立しました。独立に貢献し、建国の父と呼ばれるベンジャミン・フランクリン、初代大統領ジョージ・ワシントンなどがフリーメイソンでした。フリーメイソンに関するＣＮＮニュース※3では、「アメリカ独立宣言に署名した９人がフリーメイソンだった」と紹介されています。

その後もセオドア・ルーズベルト、フランクリン・ルーズベルト、トルーマン、フォードなど38代大統領までの内14名がフリーメイソンだったのです。美術史・歴史学者の田中英道氏（東北大学名誉教授）によると、「フリーメイソンとは、ユダヤ人を中核とした思想団体」だと定義されています。20世紀のアメリカ大統領で、非ユダヤ人は、ケネディとレーガンだけのようであり、その多くは白人系の「アシュケナージ」ユダヤ人だったのです。

第二次世界大戦の終戦４カ月前に急きょ就任し、原爆投下命令を下したアメリカのトルーマ

※3

ン大統領もフリーメイソンの最上位に上り詰めた一人です。書籍『［新版］カナンの呪い』ユースタス・マリンズ著、Ｐ１１２（歴史上の事件の裏に潜む闇の権力の系譜などを暴いた書）には、彼について次のように書かれています。

三三位階のフリーメイソンは政府のトップ、ないしはそれと同等の重要人物である。もちろん彼らは自らが率いる国家に忠誠を尽くすことはできない。すでに彼らは、死の制裁を覚悟して、国家・民族を超越した普遍的なフリーメイソン組織に忠誠を尽くすことを誓っているからだ。

トルーマン大統領が創設した機関は、ＮＡＴＯ、ＣＩＡ、国防総省、国家安全保障局。そして、アイゼンハワー大統領がＮＡＳＡ（アメリカ航空宇宙局）を創設しました。ＮＡＳＡは、曲がった地平線や青い地球の映像や、ＩＳＳ国際宇宙ステーションの宇宙飛行士が船内で浮遊する映像も多数公開していますが、ＮＡＳＡもフリーメイソンの影響下にある組織であると言えるでしょう。

恐怖！　宇宙人に侵略される⁉

現在多くの人々が信じている「無限の宇宙」というものが、広く大衆に浸透してきた過程や、宇宙観の創成に大いに貢献しているNASAが設立された経緯をみておきましょう。

「イエズス会」が創設された1540年以降の大航海時代になると、太陽崇拝に沿った「太陽中心説」である「地動説」が本格的に世界に普及していきました。

そして1634年には、初めて月旅行を描いた小説『ソムニア（夢）』が出版されました。その作者は、惑星の楕円軌道を発表し「地動説」の定着に貢献したフリーメイソンとされているヨハネス・ケプラーです。

1947年7月には、アメリカのロズウェル付近での「宇宙船墜落事故」が、「ロズウェル事件」として報道されました（4－10）。ニューメキシコ州ロズウェル近くのレンチャー牧場の管理人として働いていたマック・ブレイゼルが、6月14日頃に牧場で奇妙な物体を発見し、ロズウェル陸軍飛行場の所長に報告したところ、所長はこれを「空飛ぶ円盤（flying disc）」と表現して、7月8日に報道機関に公開しました。そして、地元新聞『ロズウェル・デイリー・レコード』が、一面で公表した写真には、墜落した円盤の下に横たわる宇宙人の姿がありました。

しかし、プレスリリースの数時間後には、第8航空軍司令官が、「空飛ぶ円盤」ではなく、「気象観測用気球」だったと、発表内容を訂正しています。この奇妙な物体は、アメリカ陸軍航空軍（後のアメリカ空軍）が回収し、報告書が作成され、秘密指定されました。公式文書が秘密指定を受けることで、一般の人々は「重要な事実だ」と認識するようになりました。

未知の宇宙人から地球や国民を守るという大義により、１９４７年7月に「アメリカ国防総省」、１９４７年9月に「ＣＩＡ（アメリカ中央情報局）」、１９４９年に「ＡＦＳＡ（軍保安局）」（１９５２年に「ＮＳＡ（国家安全保障局）」に改称）が相次いで設立されていきました。

１９５７年には、ソ連（当時）が世界初の人工衛星スプートニク1号を打ち上げました。アメリカは、ソ連への対抗として、また、宇宙人（エイリアン）から地球を守るためにもロケットや宇宙開発が必要であるとして、１９５８年に「ＮＡＳＡ（アメリカ航空宇宙局）」を設立します。以降、続々と月旅行や宇宙旅行の小説・映画が大量に公開されはじめ、大衆心理の深層に「無限に広がる宇宙観」や「未知の宇宙人（エイリアン）像」が浸透していったのです。

ＮＡＳＡに迎え入れられたナチスの科学者たち

第二次世界大戦後、敗戦したドイツが保有する圧倒的な軍事技術を確保するために、戦勝の連合国であるソ連以外にアメリカにも多くの技術者が秘密裏に招かれていました。「ＣＩＡ（アメリカ中央情報局）」の創設に、第二次世界大戦後のアメリカがドイツの元情報要員を利用したということは事実であり、「オペレーション・ペーパークリップ（Operation Paperclip）」のプロジェクト名で呼ばれています。ナチス・ドイツの科学者、技術者、情報要員を軍事研究や情報活動に活用するために、アメリカへ移住させています。

元ナチス軍のロケット開発者だったフォン・ブラウンと多くの技術者たちも、ＮＡＳＡに迎えられました。フォン・ブラウンは、「マーシャル宇宙飛行センター初代長官」と「アポロ月面着陸用宇宙船の設計責任者」に就任しています。フォン・ブラウンの活動や研究は、偵察衛星などの軍事技術と直結しており、ＮＡＳＡは諜報活動の拠点として、ＣＩＡや他の情報組織と深く関わっていた可能性が高いのです。

フォン・ブラウンの死に際の言葉には、将来の人々への警鐘が含まれています。

「社会をコントロールするために、エイリアンの侵略というカードが使われるだろう」

フリーメイソンは、アメリカのさまざまな組織に入り込み活動を拡大していきました。１９６９年アポロ11号の月面着陸で有名になった宇宙飛行士のアームストロング船長をはじめ、その乗員３名ともにフリーメイソンであることを隠すことはありませんでした。

ウォルト・ディズニーによる幼児洗脳

映画やアニメーションによって子供から大人までを魅了し、大衆に多大な影響を与えた人物は、ウォルト・ディズニーであり、彼もまたフリーメイソンの一員でした（４－11）。

私たちは、幼児の頃からディズニーアニメのさまざまなキャラクターに接しますが、そのアニメや絵本の中に不純な内容が隠されていると指摘する声があります。例えば、アニメ作品『塔の上のラプンツェル』や『ポカホンタス』のあるシーンには、「ＳＥＸ」の文字が隠されていたり、その他の作品の中にも、さまざまな性的なイメージが組み込まれていたり。

このように、フリーメイソン設立時に立てられた目標「若者を性とドラッグで荒廃させる」という裏の意図に沿って製作されていたともいわれ、サブリミナル効果によって、無意識の内に子供の頃から、世界中の人々に荒廃思想が浸透するように仕組まれてきたというのです。

また、ＹｏｕＴｕｂｅのディズニー公式チャンネルで公開されている『スティッチ』第１話の５分30秒あたりでは、『スティッチ』が乗る制御できなくなった宇宙船が、「球体」地球に向かって回転しながら火の玉となって落下していく様子が描かれています。

不思議な布の鑑識

1947年ロズウェル事件　UFO墜落現場

4－10

ウォルト・ディズニー（左）と
フォン･ブラウン（右）

ロケット打ち上げ軌跡は放物線

ディズニーの
ロゴに隠された
悪魔の数字
６６６

ディズニー作品中の
コルナサイ

4－11

さらに、東京ディズニーシーのエントランスでは、「アクアスフィア」と名づけられた直径約8mの巨大な地球儀が迎えてくれます。

大人になるまで何の疑いもなく、地球は「球体」という映像や物を見続けていると、大地は「平面」と聞いた瞬間、あまりにも自分の常識とかけ離れているため、反射的に強い反発を生んでしまうということがあるようです。

NASAによる大胆な捏造⁉

「NASA」とは古代ヘブライ語で「嘘・虚偽」という意味があり、ロゴに描かれている赤い2本の線は、邪悪な蛇の舌を表しているのではないかといわれています（4－12）。

1969年7月20日午後4時17分（アメリカ東部夏時間）アポロ11号月面着陸の様子は、オーストラリア放送協会が、地元に遅延のない生放送を行いました。3箇所の受信地点の内で、最も映像が鮮明なオーストラリア・パークス電波天文台の直径64mもの巨大なパラボラアンテナが受信し配信することになり、他の国々へは、アメリカに転送された映像が、トラブル回避のために約6・3秒の遅延映像として中継されたのです。

この月面からの衛星中継を、世界中の人々が固唾を呑んで見守りましたが、オーストラリア在住の女性ユーナ・ロナルドさんは、その時衝撃的なシーンを目撃しました。月面に数秒間、コーラの瓶が転がっているのを見たのです！

「これはセットではないの？」

しかし翌朝の録画放送では、そのシーンは放映されませんでした。その後、地元紙『ウエスト・オーストラリア新聞』には、コーラの瓶を目撃した手紙が数多く寄せられたといいます。しかしオーストラリア以外からは、そのような報告は上がっていません。海外では、そのシーンがカットされたようなのです。

4－12

JAXAのホームページによると、弾道飛行を含めて高度100㎞を超え一般的にいわれる「宇宙」（国際航空連盟による定義：カーマン・ラインより上空）に行った世界の人数は595人であり、のべ1337人（2023年3月12日現在）と発表されています。しかしNASAの発表によると高度100㎞超の「地球の低軌道」を超えた人数は、1963年～1972年に行われたアポロ計画に参加した24人のみであり、人類はそれ以来この100㎞の低軌道を超えることができていないというのです。

ＩＳＳ国際宇宙ステーションからの中継で宇宙飛行士がマイクを持って語っています。

「現在、最も遠くへ行けるのが地球の低軌道です」

オバマ元大統領は演説で次のように語っていました。

「2020年代初頭には、地球の低軌道を超える宇宙探索に必要なシステムをテストしていく」

ＩＳＳは、約400㎞上空を、約90分間で地球1周しているそうです。なぜＩＳＳの宇宙飛行士たちは、この人数に含まれていないのでしょう？

1961年から1972年にかけて実施され、全6回の月面着陸に成功したアポロ計画からすでに50年以上が経過しました。宇宙が魅力ある市場であれば車産業のように多くの企業が競って市場参入し、年間数万人が宇宙旅行を楽しんでいてもよいと思うのですが、なぜ24人しか100㎞の低軌道を超えていないのでしょう？

ＮＡＳＡには、その後も巨額の予算が投入され続けていますが、それらの活動が全て嘘で、別の目的があるとしたら？

ＮＡＳＡがこれまでに発表した情報の中から、「疑わしい」と思われる事例を確認してみましょう。

月面着陸は疑問だらけ⁉

ソ連は、1961年4月12日ユーリイ・ガガーリン氏が搭乗した「ボストーク1号」による有人の地球周回を世界で初めて実現し、アメリカを強烈に刺激しました。しかし、なんと翌月の1961年5月5日には、アメリカ人アラン・シェパード氏を搭乗させた「マーキュリー3号」（フリーダム7）が弾道飛行を行い、アメリカ初の有人宇宙飛行となりました。この時の最高高度は、187・5㎞とされており、約15分間の飛行でした。

このような状況下、1961年1月20日に就任していたジョン・F・ケネディ大統領は、1962年9月12日にライス大学において有名な演説を行いました。

「60年代の終わりまでに人間を月に到達させ、そして安全に地球に生還させる」

と大きな目標を発表しました。

そこから3人が2週間生存できるような信頼性を備えた、世界初の巨大ロケットや母船、着陸船の開発がはじまりました。「アポロ9号」では、月面着陸のシミュレーションが行われ、そのパイロットだったシュワイカートは、世界初の船外活動を行ったとされています。真空の宇宙空間に浮かび呼吸、体温維持、交信を正常に行い成功したそうです。

そして遂に「アポロ11号」のアームストロング船長が、「静かの海」に着陸し、月への第一歩を記したのです。月面には、続いてバズ・オルドリン氏が降り立ち、２人でアメリカ国旗を地面に突き立てました。

月面のアームストロング船長と地上のニクソン大統領とが電話でつながり、その会話はタイムラグもなくスムーズに進行していきました※4（4－13）。

今から思うと、パソコンもスマホもなく有線の黒電話と白黒テレビの時代に、月着陸船に積み込んだ小さなアンテナから発信した音声や映像を、地上のパラボラアンテナで受信し、世界中に配信できたことが奇跡的に思えます（4－14）。

当時は小型のパソコンもない時代で、基盤むき出しボード状のマイコンが一般に出回りはじめたのが、15年後の１９７５年頃からでした。月面に着陸した１９６９年には、コンピューターの小型化はまだ進んでいなかったのです。

しかもこの頃は、リチウムイオン電池や太陽電池が、まだ実用化されていない時代でした。「アポロ11号」で利用されたのは、アイソトープ電池という原子力電池であり１９６０年代から利用されはじめていたそうです。打ち上げ失敗によって放射性物質が周囲に拡散される恐れがあるため、現在は通常木星までの衛星では、太陽電池が利用されています。それ以遠では太陽光が不足するため原子力電池が利用されていることになっています。

※4

地上から月面までの距離は、38万4400kmとされており、電波の速度は、1秒間に約30万km。往きだけでほぼ1秒かかり、往復で2秒です。

その時の技術仕様を確認すると、月面の白黒カメラは、重さが3・29kg、映像は、走査線320本／フレーム、10フレーム／秒の映像と音声データです。それを宇宙船に設置されていた直径66cmのパラボラアンテナを使い、8分間の生放送に続き約2時間30分のデータ送受信が行われました。月面から発信された生放送の微弱電波を、オーストラリアの「パークス天文台」にある直径64mの巨大な電波望遠鏡が受信しました。オーストラリアでは遅延なしで放送されましたが、そこからアメリカまでは、0・3秒かかり、さらに不測の事態に備えるため約6・3秒の猶予分が追加されて放送されました。

現在でも重いと感じる映像と音声のデータを、月着陸船に搭載された映像機器で圧縮し、小型アンテナによって送出したとは、なんとすごいことができたのでしょう。さらにニクソン大統領の電話の声を地上で圧縮して送信し、月面で受信し展開することで自然なコミュニケーションが実現できていたのです。さらに、その後2時間半のデータの圧縮・展開を行う双方向通信が続けられたこともすごいことに思えます。

ニクソン大統領とアームストロング船長の音声は、タイムラグが全くなく、まるで近くのスタジオ間かと思えるほど、非常に明瞭で会話はスムーズなのです。

月面と地上で電話会談

アームストロング船長とニクソン大統領

遅延のない会話

4－13

月着陸船の小型アンテナ

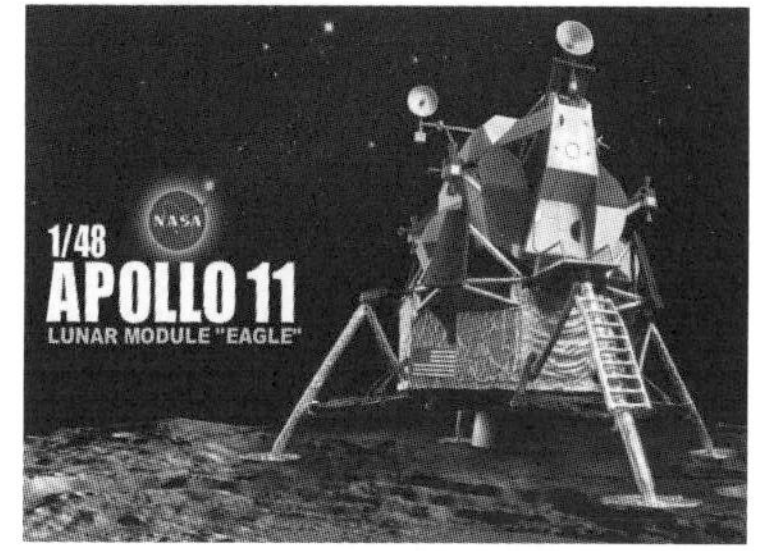

画像：ドラゴン模型

月面からの信号をライブ中継

パークス天文台のアンテナが受信

画像： 4 travel.jp

4－14

黒電話の頃の音声は、データを軽くするために特定の周波数がカットされて独特の声に聞こえていました。その後１９８９年に携帯電話が自由化され、ショルダーホン（車載電話）に続き、ＰＨＳ携帯電話機からアナログ携帯電話、そしてデジタル携帯電話と進んでいきました。中でもＰＨＳ携帯電話機は、基地局までの距離が約１００ｍ～５００ｍ程度と短いこともあり、相手の声が聞きやすく高音質でした。しかし３Ｇ携帯になると、混む時間帯にはヒュルヒュル音がして相手が何を話しているのか分からないほどでした。４Ｇのスマホでは、データ処理に手間取って画面が不安定になることが時々発生します。

２０２０年代でさえも無線電話の通信は、安定性に不安がある状態であるにもかかわらず、およそ38万㎞離れた月面の小さなパラボラアンテナと交信し、クリアな映像と音声で会話できたことが不思議なのです。

月面着陸から50年以上が経過し、その後は中断しています。そしてなぜ再開しないのかＮＡＳＡの複数の関係者に質問した方への回答は、「月面着陸関連のデータは、全て失われており現在は存在しないから」だというのです。そのため今すぐ月面着陸を再開することができないと語っています。

このような貴重なデータを、全てなくしたことが信じられますか？

ISS国際宇宙ステーションが目視できる疑問

ＩＳＳが上空を通過する時間が、事前にアナウンスされています。ＩＳＳは約４００㎞上空を、約90分に１回の周期で地球を周回している長さ約１００ｍの大きな人工衛星です。ＩＳＳの全長を地上の物でたとえると、東京駅から約４００㎞離れた大阪にある通天閣（高さ１０３ｍ）に相当します（４―15）。

ＫＩＢＯ宇宙放送局が運営する「きぼう*をみよう」のサイトでは、真夜中や昼間には見えないが、夕暮れ時か明け方の薄暗い時間帯にＩＳＳが太陽光を反射している時だけ、地上から肉眼で確認することができると解説されています。しかし最近になって、昼間のまぶしい時間帯に確認できたと報告する写真がＳＮＳに上がっていました。その投稿者の説明では、上空で太陽光線を反射しているので見えるのだとされていました。

第１章で水平線や地平線の曲線について取り上げたように、一般的な視力の人が、目の高さ１・５ｍから見た時に水平線までの距離は、約４・64㎞と計算されます（４―16）。

１００ｍ程度の物体は、遠近法によって４・64㎞付近の消失点で見えなくなってしまうのです。約４００㎞上空を秒速約７・７㎞で飛行しているとされている、長さ約１００ｍのＩＳＳ

＊きぼう　ISS 国際宇宙ステーションを構成する部位の一つで、日本の JAXA が開発を担当した実験棟。

を、肉眼で確認することはできないはずです。

最近、都市部のビルの壁面で見かけるようになった「３Ｄサイネージ」は、龍などの巨大な立体物が、スクリーン領域から飛び出し、リアルに動きまわって見えます。ＩＳＳが実態のある人工衛星ではないとすると、高速移動することから、３Ｄ立体映像の隠された技術を使って、発表された時間限定で投影しているのかもしれません。そうなると、人は搭乗できないため、宇宙飛行士が船内で浮遊する姿は、実写とＣＧによる合成映像ということになります。

東京から大阪の通天閣(高さ103m)が肉眼で見えますか？
（途中に山が無く、曲率も無いと仮定しても見えない距離）
距離を測定
地図をクリックして経路に追加します
直線距離：400.92 km
東京駅
大阪 通天閣
HITACHI
静岡
浜松
豊橋
岡崎
地図をクリックして経路に追加します
合計距離: 400.92 km (249.12 マイル)

4－15

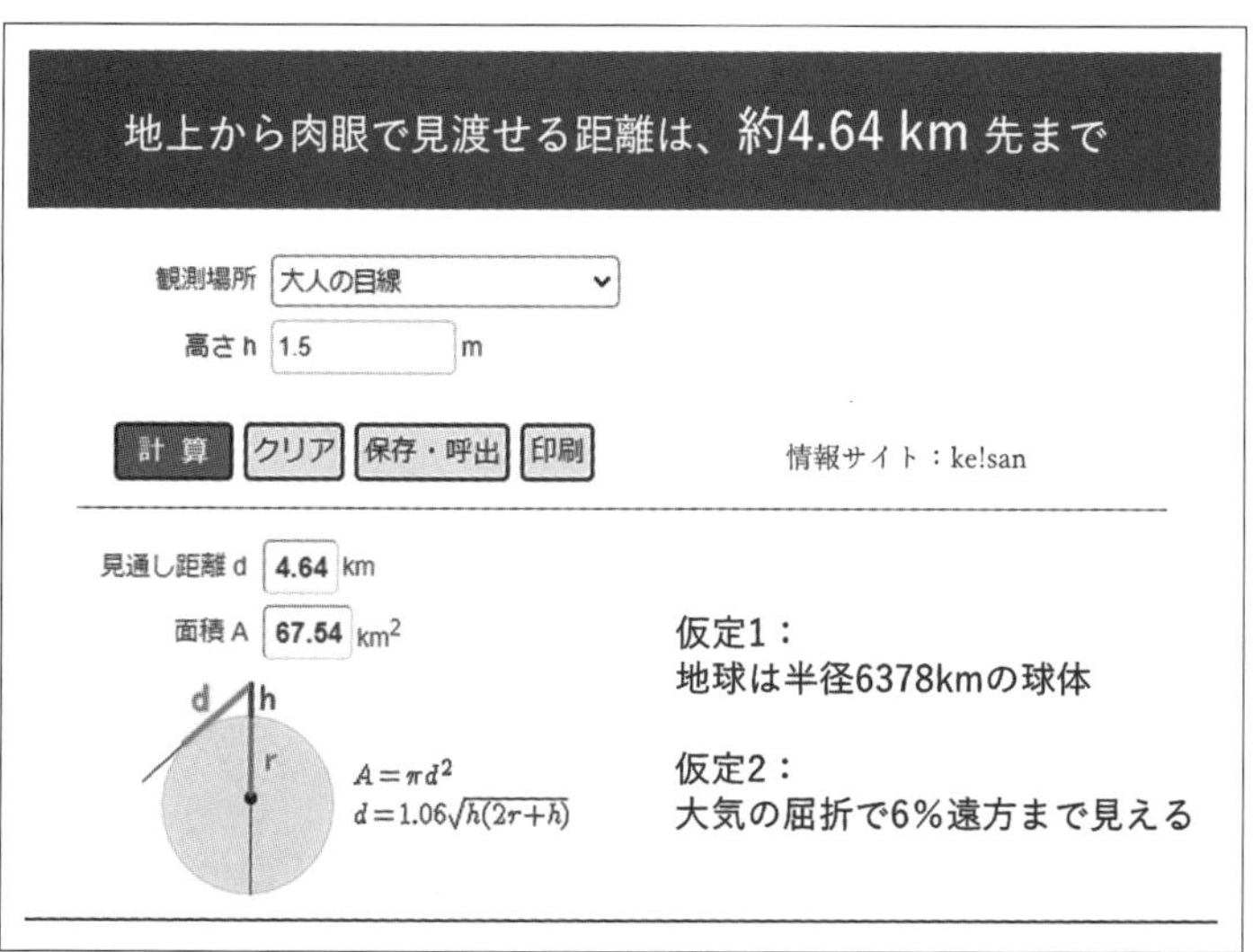
地上から肉眼で見渡せる距離は、約4.64 km 先まで
観測場所 大人の目線
高さ h 1.5 m
計 算
クリア
保存・呼出
印刷
情報サイト：ke!san
見通し距離 d 4.64 km
面積 A 67.54 km2
d
h
r
$A=\pi d^2$
$d=1.06\sqrt{h(2r+h)}$
仮定1：
地球は半径6378kmの球体
仮定2：
大気の屈折で6%遠方まで見える

4－16

ＩＳＳ宇宙飛行士の映像はＣＧ合成⁉

ＩＳＳ内の映像で何度も登場するハンドマイクは、クルクルと空中で回転することによって、無重力状態の演出道具として欠かせないものになっています。また水滴の浮遊映像や食事シーンなども大量に公開されています。これらは、コンタクトレンズに映し出される映像が実世界と合成されるＡＲ（拡張現実）技術が使われているようです[※5]（4－17）。女性の髪の毛は、ハードスプレーで逆立てられ、いかにも嘘ですよと言わんばかりの演出です[※6]。宇宙遊泳はプールでの撮影といわれています[※7]。

映像投影コンタクトレンズ

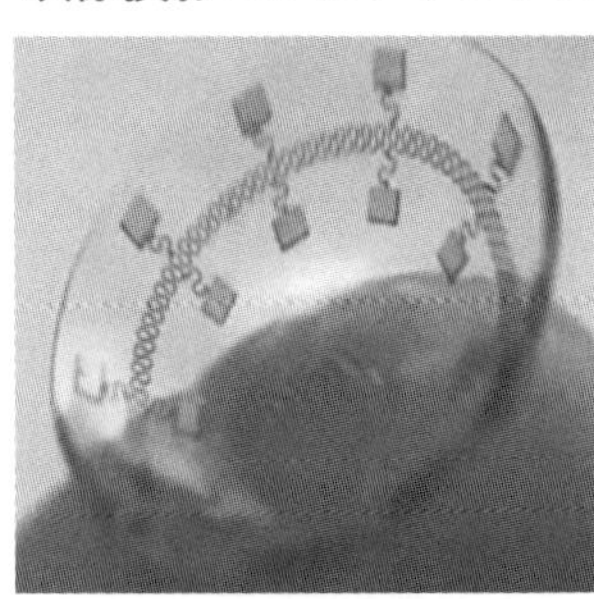

スプレーで不自然な髪型

水中ダイバーの映り込み

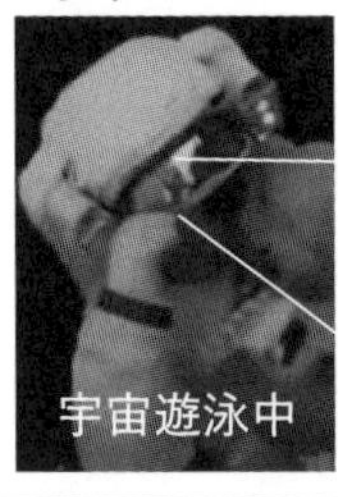

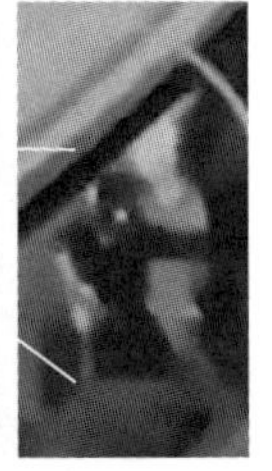

4－17

※7

※6

※5

ＳＮＳ社会になったことで、さまざまなＣＧの不具合が暴露され広く拡散されるようになり、いろいろと隠しきれなくなっているようです[※8]（４－18）。特に地上の小学生などと結ぶライブ授業などで発生した合成映像の不具合は、後々まで証拠として残され、ＹｏｕＴｕｂｅではＮＡＳＡのさまざまな疑惑（４－19、20[※9]）の映像が公開されています。月面着陸もＩＳＳ国際宇宙ステーションの宇宙飛行士から送られてくる映像も、さまざまなほころびが見え隠れしています。

ＮＡＳＡは、ハリウッドと協力して宇宙船内や船外における宇宙遊泳の映像を制作してきました。宇宙を舞台にしたＳＦ映画によって無限に広い宇宙への夢や、未知の生命体への恐怖心を世界中の人々に植え付けてきました。そこに何らかの裏の意図が隠されているのだとしたら。いつまでも気づいてほしくない何かが、潜んでいるのかもしれないのです。

※９

※８

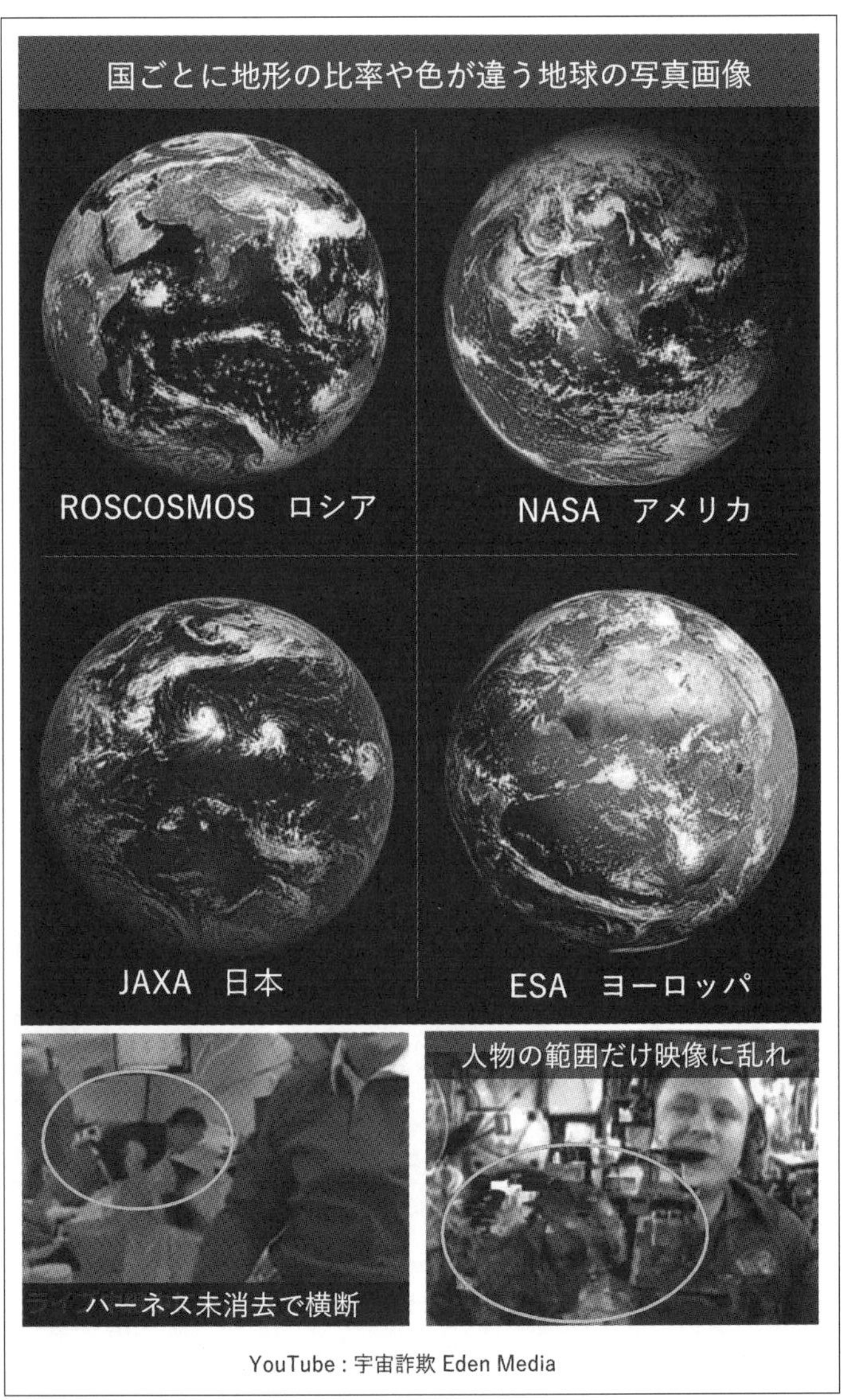
国ごとに地形の比率や色が違う地球の写真画像
ROSCOSMOS　ロシア
NASA　アメリカ
JAXA　日本
ESA　ヨーロッパ
ハーネス未消去で横断
人物の範囲だけ映像に乱れ
YouTube : 宇宙詐欺 Eden Media

4－18

▼アポロ11号出発前と帰還後の表情の変化

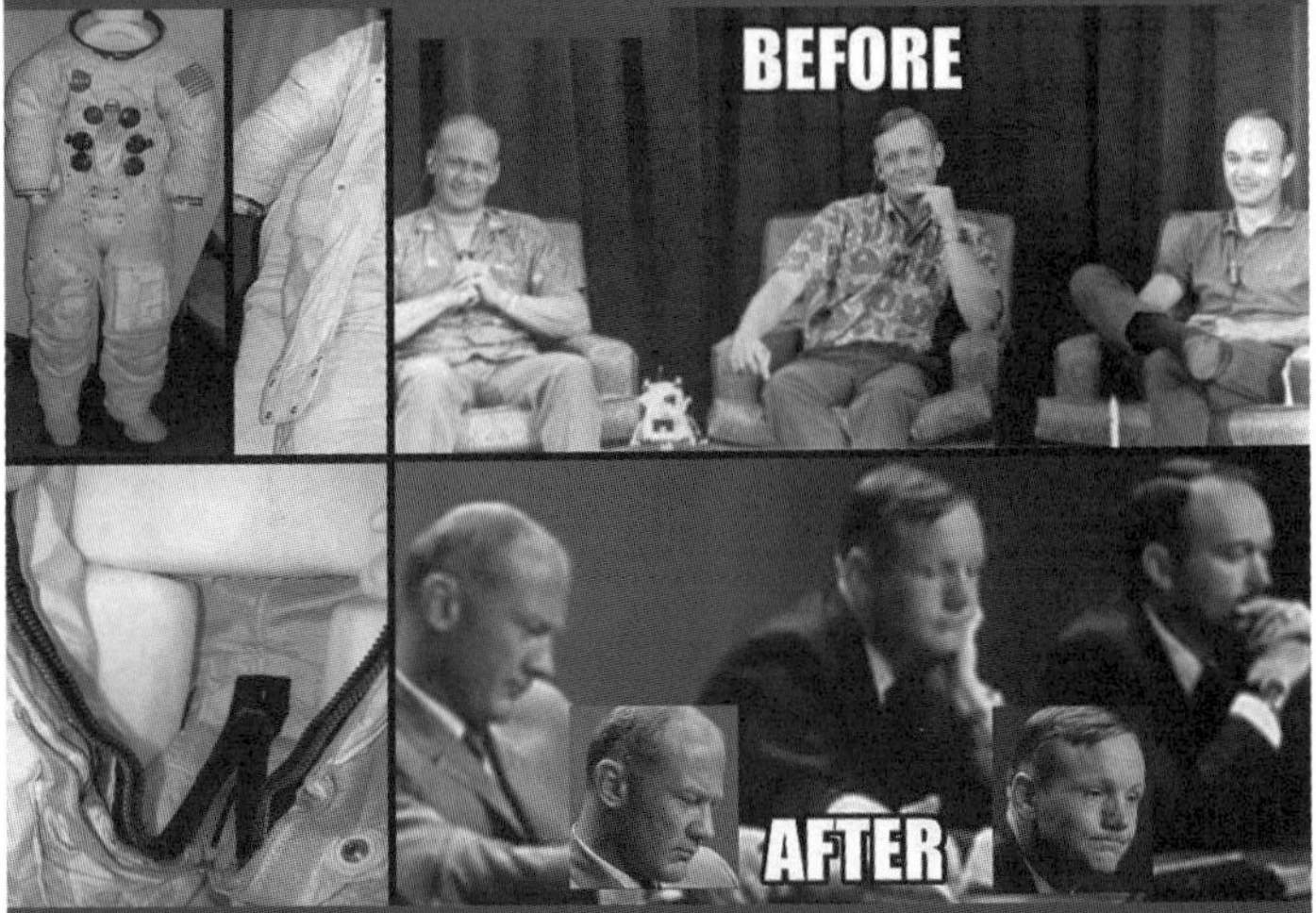

BEFORE

AFTER

▲真空用ファスナー？

4－19

4－20

[まとめ] フリーメイソンに歪められた天文の世界

ヨーロッパでは、カトリック教義による息苦しい社会の中、自由に討論する場としてフリーメイソンが集うロッジが、18世紀初頭から中頃にかけて各地に盛んに作られました。それは、各職種の人々が横のつながりを保ち、生活が苦しくなった時には「兄弟愛」に基づく互助会組織として機能し、地元の人々の生活に根付く形で拡大していきました。そこへ悪魔崇拝のユダヤ思想を持つロスチャイルドによる浸透工作がはじまりました（4－21）。世界の富の半分を持つ者が、世界支配の意思を持ち、フリーメイソンに潜入し、具体的行動を開始したのです。

ヨーロッパからアメリカへと渡ったユダヤ人の大半が、ユダヤの血系ではない、白人のアシュケナージ系ユダヤ人でした。そしてアメリカ建国の際にも大きな影響力を発揮しています。歴代の大統領や高官たちもフリーメイソンによる秘密主義の思想を受け継ぎ、自分たちの財力向上のためには、戦争を起こし両陣営に資金を提供し、国民の命を一つの駒としか捉えない冷酷な精神で国が運営され、やがて世界が巻き込まれていったのです（4－22）。

アメリカでは、1870年にジョン・ロックフェラーが「スタンダード・オイル社」を設立し、最盛期には石油市場の約90％を独占するほどの成長を遂げました（４－23）。１９１３年には、「ロックフェラー財団」が設立され、大学医学部の教育過程を支配し、自然生薬による伝統医療を徹底的に排除し、少量の石油からつくる高価な石油精製医薬品に基づく医学界を構築していきます。さらに多彩な分野に寄付が行われるようになり、天文学分野においても、大学やNASAが利用する施設に巨額の支援を行うことで、その影響力を拡大していったのです。

新たな組織をつくる際には、大きな問題を起こし、人々に恐怖を抱かせることが最も効率的だと彼らは知っていました。そこで「ロズウェル事件」を起こし、「宇宙人が襲撃して来るかもしれない」と人々に恐怖を植え付けたようなのです。そして事件後、即座にNASAや防衛関連の組織が生まれています。

それからNASAは、大型ロケットを何度も打ち上げ莫大な予算を獲得していきました。しかし、はるか彼方の上空は一般人が目視できないため、実際にはより安価に実現できる気球衛星によって各種機器が運用されているのかもしれないのです（第５章で詳述）。さらにISS国際宇宙ステーションにおける無重力状態や地球表面の映像を、頻繁に放映することによって宇宙が身近に感じられるようになってきましたが、それがCGによる合成映像である証拠が多数指摘されています。

第二次大戦に敗れたナチスドイツからは、アメリカへ向けて１９４５年から１９５９年にか

初代ジョン
・ロックフェラー

1839年～1937年

4－23

初代マイアー・アムシェル
・ロスチャイルド

1744年～1812年

4－21

アメリカ政権の主なフリーメイソン

ジョージ・ワシントン

ベンジャミン・フランクリン

セオドア・ルーズベルト

トルーマン

フォード

マッカーサー

4－22

け通称「ペーパークリップ作戦」によって、約１６００人のロケット技術者、電子工学者、物理学者などが秘密裏に招かれていました。その後の冷戦下、ソ連との激しい宇宙開発競争がはじまったのです。

フリーメイソンの最終目標である世界支配を実現するため、人々には子供の頃から従順な姿勢や思考を養ってもらう必要がありました。そのために教育界を支配し、学校のカリキュラムは主に演壇に立つ先生による講義形式の授業であり、記憶型の学習としました。そして、「働かざる者食うべからず」の掟に沿って忙しく働いてもらいました。支配下に収めた大半の大手企業が生産する利益優先の商品を消費してもらい、少しの幸せを感じ、継続して税金を支払ってもらうような市民の経済活動により、自分たちの富を増やし回収できる仕組みを完成させたのです。

そこで一番の障壁になるのが、何ごとにも疑問を持ち、自分で考える人間が出てくることでした。社会の裏側を知られることは避けたかったのです。そのための一つの解決策として、地球は宇宙の中のちっぽけな存在であり、さらに人間自身もその上で生きている取るに足りない塵のような存在にしかすぎないと思わせることでした（4－24）。そして大宇宙のイメージを人々に広めるために、ウォルト・ディズニーを中心にアニメや映画で、球形のちっぽけな存在感でしかない地球のイメージを、子供の頃から植え付け続けたのです。

4－24

実は宇宙は手が届かないほど広大ではなく限られた空間である、との認識を取り戻すことが、今後人類が和して幸せを得るためには大切なのかもしれません。人間が中心となって生かされている大地の上で、かけがえのない生命である植物や動物と共生し、それらを食物としていただける幸せに感謝し、自然の中で数多くの生命が循環するバランスの取れた社会を創り出し、自己の存在を取り戻すことが大切なのではないでしょうか。

第５章

誰も宇宙へ行っていない⁉ 天空には超えられない壁がある⁉

突破できない⁉　天空に謎の壁？

バード少将率いる大がかりな南極調査

第二次世界大戦が終わったばかりの1946年から1947年までの1年間にわたり、アメリカ海軍は、南極へ、13隻の軍艦、3隻の空母、10隻の潜水艦、多数の航空機などとともに、4700人にものぼる人員を派遣し、大規模な「ハイジャンプ作戦」を実施しました。その目的は、新たな南極基地設置や、極寒地の技術的調査だったとされていますが、その装備は大きな戦闘が行えるほどの物々しさです。

さらに、1955年から1956年にかけて「ディープ・フリーズ作戦」が行われ、隊長には、「ハイジャンプ作戦」と同じく、リチャード・バード少将（1888年〜1957年）が指名されました。

1956年、調査から戻ったバード少将は、テレビ番組に出演し、南極について意味深なことを語っています[※1]（5－1）。

※1

司会「この地には、若いアメリカ人たちが冒険心を持つような、まだ人が足を踏み入れていない土地があるのでしょうか」

少将「はい、その通りです。アメリカ合衆国と同程度の大きさの場所が、人類が一度も目にしたことのない状態で残されています。それは、極の外側で南極の別の端にあります。それは驚くべきことです。そこには見つかっていない、それだけのエリアがあり、たくさんのアドベンチャーが、世界のそこにはまだ残されています」

バード少将は、この1年後の１９５７年、睡眠中に心臓発作で亡くなりました。

前述のバード少将が率いた南極観測プロジェクトでは、南極に広がる未知の土地や古代遺跡が発見されたなど、いろいろな噂話が漏れ聞こえてきます※2（５－２）。

なお、バード少将は、フリーメイソンでした。

※２

バード少将の南極調査

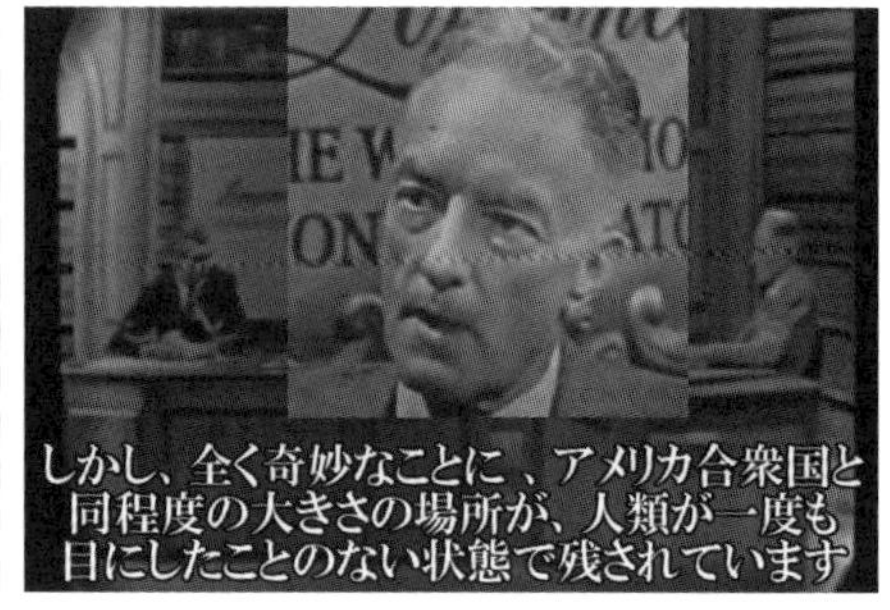

画像：AVANT-GARDE RESEARCH REPORT

5－1

南極に未知の広い土地がある!?

5－2

「ヴァン・アレン帯」を発見!?

ジェームズ・ヴァン・アレン博士（１９１４年〜２００６年）は、１９４６年に海軍を退役した後、ジョンズ・ホプキンス大学で大気圏の気象観測や、地球の磁場・磁力の調査を行いました。１９５３年には、地上の生命を放射線から保護する役割を果たしている「ヴァン・アレン帯」を高度６４０km〜５万８０００kmで発見した、と発表しました。

「ヴァン・アレン帯」とは、主に太陽風や宇宙線から来ている人体に有害な高エネルギー放射線の荷電粒子が集まった帯のことです。地球の磁場によってその荷電粒子が捕らえられ、地球を取り囲む内帯と外帯の2層の放射線帯を構成しています。

アポロ計画でＮＡＳＡは、強い放射線を防ぐ素材開発によって、人体へのダメージを最小限に抑えて宇宙へ進出したとしています。さらにアポロ宇宙船のガラス窓を通過する放射線からの影響は、飛行経路を工夫することで、乗り越えたというのです。

ヴァン・アレン博士も、フリーメイソンでした。

「ドミニク作戦」でバリア層を核爆破⁉

第二次世界大戦後、米軍やNASAによって、南極や宇宙における大規模な取り組みが展開されてきましたが、その真の目的は、**「バリア層**＊」の調査だったのではないのかと疑われています（5－3）。

1962年、アメリカによって105回もの核爆発実験「ドミニク作戦」が、「ネバダ核実験場」と「太平洋核実験場」で行われました。低高度実験は、主に爆撃機からの原爆投下による新型兵器のテストが行われました。そして「ドミニク作戦」の中でも高高度での核爆発実験は「フィッシュボール作戦」と呼ばれ、ミサイルが利用されました。その内2件の実験で、地上100㎞を超えたとされています。

「フィッシュボール作戦」の中で最も有名なものは、1962年7月9日に行われた「スターフィッシュ・プライム」です。マーシャル諸島にある「太平洋核実験場」で、大気圏内核実験が行われた結果、ハワイ周辺で電磁波パルスが発生し、無線通信が3時間以上混乱しました。

「ドミニク作戦」の内、低高度実験の高度と映像は確認できましたが、400㎞の高高度実験である「フィッシュボール作戦」の高度記録書類を、私は確認することができませんでした。

＊バリア層　本書では、宇宙へ突破できない天空の壁を「バリア層」と定義（P297図参照）。筆者は、上空100㎞に「バリア層」があり、そのさらに上空の「ドーム」（天蓋、FIRMAMENTと呼ばれるドーム状の外殻）が平面大地全体を覆っていると考察している。

以下は、「ドミニク作戦」で行われた主な実験の実験名と核爆発の高度です。

スターフィッシュ・プライム Starfish Prime　高度４００㎞
チェックメイト Checkmate　高度１４７㎞
キングフィッシュ Kingfish　高度97㎞
ブルーギル・トリプル・プライム Bluegill Triple Prime　高度50㎞
タイトロープ Tightrope　高度21㎞
ブルーギル・プライム Bluegill Prime　高度数10㎞

南極や北極は秘密だらけ？

バード少将が指揮を執った極地観測「ハイジャンプ作戦」（１９４６年～１９４７年）と「ディープ・フリーズ作戦」（１９５５年～１９５６年）の直後、１９５８年に刊行された『アメリカーナ百科事典第２巻』の南極に関する項目に、上空に「ドーム」があると記載されていました※3（５－４）。

※３

① ハイジャンプ作戦： 南極の氷の壁や未知の土地、古代遺跡を発見？

② ディープ・フリーズ作戦： バリア層の端を発見？ 地下都市説の噂も

③ 南極条約： 南緯60度以南への立ち入り禁止は、バリア層の隠蔽？
各国の軍を配備し常時監視へ

④ フィッシュボール作戦： バリア層の爆破は失敗し突破できず

⑤ NASA設立：惑星探査、ISS等の運営による巨額予算の獲得

⑥ アポロ月面着陸：技術的優位性の演出

5－3

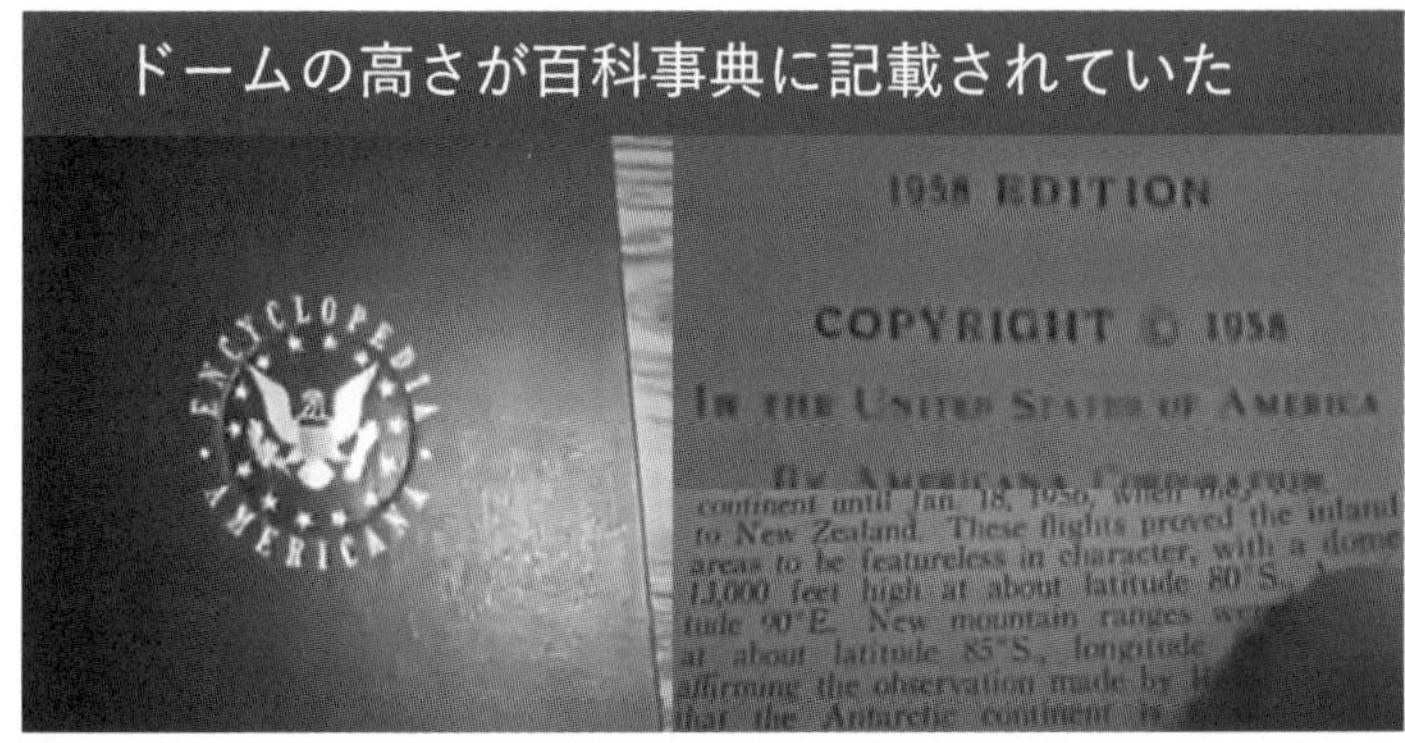
ドームの高さが百科事典に記載されていた
ENCYCLOPEDIA AMERICANA
1958 EDITION
COPYRIGHT © 1958
IN THE UNITED STATES OF AMERICA
to New Zealand. These flights proved the inland
areas to be featureless in character, with a dome
13,000 feet high at about latitude 80°S.
tude 90°E. New mountain ranges
at about latitude 85°S., longitude
affirming the observation made by
that the Antarctic continent is

5－4

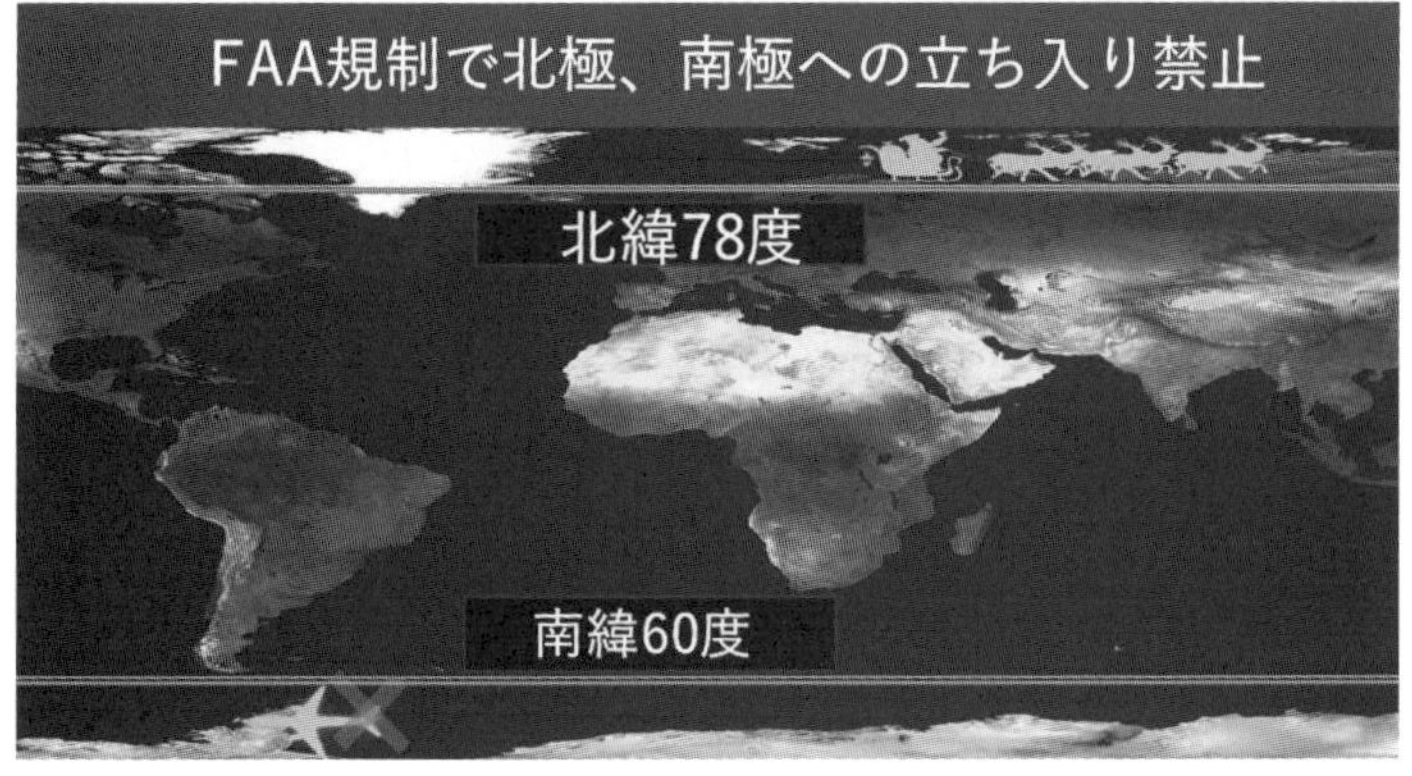
FAA規制で北極、南極への立ち入り禁止
北緯78度
南緯60度

5－5

「南緯80度、東経90度地点の高度約４km（1万３０００フィート）には、ドームがあることが分かった」

１９５８年にＮＡＳＡが設立された後の版では、その内容を確認できなくなっており、現在公開されている『アメリカーナ百科事典第2巻』のＰＤＦをダウンロードした人からは、関連する2ページ分が削除されていたと報告されています。

そして、１９５９年に「南極条約」が採択され、１９６１年に発効されました。以来、南緯60度以南へは、事前登録者以外の一般人の立ち入りが禁止されています。現在（２０２３年6月時点）の条約締結国は、56カ国となっています。

この南極上空にあるとされる「ドーム」は、フラットアースを支持する人々からは、大地全体を覆う「ドーム」ではないかといわれています。しかし、現状では、このような大きな謎を確かめようにも、私たち一般人は調査のために南極に立ち入ることができないのです。

それでは、北極の状況はどうなのでしょうか？　北極点は、北極海の中央部にあり、陸地がなく、高さ１・８ｍ～３ｍの氷が、深さ１０７０ｍ～５５００ｍの海に浮いている状態です。

２００１年3月には、ＦＡＡ（アメリカ連邦航空局）が、北緯78度以北（北極）及び、南緯60度以南（南極）を通過する飛行機や、ソリでの移動などにおいて、「極ルート」管理の規則を導入しています[※4]（5－5）。このように南極も北極も一般人が自由に立ち入ることができない状態になっているのです。両極地には、隠しておきたい重要な秘密があるのかもしれません。

アマチュアロケットが上空の何かに衝突!?

2014年、ネバダ州ブラックロック砂漠（北緯41度、西経119度）で、アマチュア研究者のグループが自分たちでロケットを打ち上げ、上空の様子を撮影しました[※5]（5－6）。その際、なんと高度約100kmを超えたあたりで何らかの壁に阻まれ、ロケットの飛行が停止してしまったのです[※6]。

以上の結果から、どうやら、北極上空約100kmから南極にかけて、大気圏と宇宙空間を隔てる壁が存在し、ロケットや核爆弾によっても突破できない強固で透明なバリア層があるようなのです[※7]（5－7）。

人工衛星の飛行高度はおかしい

1958年のNASA設立後、1962年に実施された「フィッシュボール作戦」での実験

※4　※5　※6　※7

アマチュアロケット打ち上げ

2014年ネバダ州ブラックロック砂漠で市民愛好家たちによる
史上最高度・最速のアマチュアロケットGoFast2014を発射
高度100 km付近まで上昇し空の壁に衝突して停止した

画像：Civilianspace.com

5－6

イスラエルのミサイルが上空で壁に衝突して爆発？

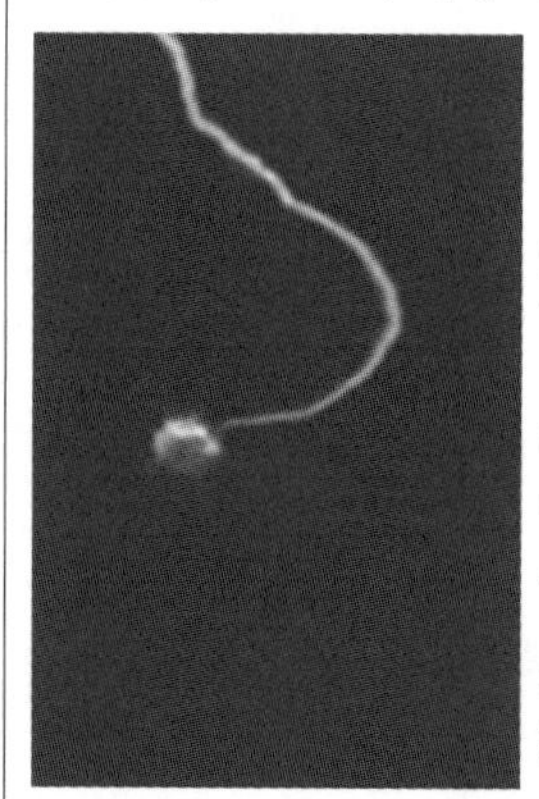

ミサイル迎撃システム（アイアンドーム）の速度は、時速約12,000kmではなく、時速約3,062kmのようです
30秒後は、高度約25.5kmであり、
高度約100kmには達しません

QRコードの映像は、ミサイルが低空の目標物を迎撃しており、「バリア層」に衝突はしていません

様々な情報が公開されていますが、鵜呑みにせず確認が必要ですね

5－7

「スターフィッシュ・プライム」によって、高高度核爆発を実施した高度は、約４００㎞とされています。しかし実は、約１００㎞だったのではないのかと、この実験の高度を信じることができなくなっています。

もしも、約１００㎞以上の高さへ人類が行けないのであれば、高度約４００㎞を飛行するＩＳＳ国際宇宙ステーションの活動は全てＣＧによる合成映像であり、さらに高度３万６０００㎞を飛行する静止軌道衛星や、高度２万５０００㎞のＧＰＳ衛星も飛んでいないことになります。

そうなると当然、アポロが月面着陸などできないし、惑星探査ロケットは宇宙へ行けないということです。

そして、ＮＡＳＡやＪＡＸＡは巨額の研究費を獲得し、ＣＧスタジオを運営することによって浮いた予算を、何か別の目的に利用しているのかもしれないのです。例えば、ＮＡＳＡの気象兵器開発（「ＮＡＳＡの気象軍事（ＢＢＣニュース映像）」[※8]）や、世界中に張り巡らされているといわれている地下トンネル網の構築などに転用されてきた疑いがあるのです。

※８

ジェット旅客機の飛行高度の意外な測定法

旅客機の飛行高度は、国内線の場合約８・８km～12・５kmであり、国際線の場合には、高度約10・５km～13・５kmを時速８００km～９００km位で飛行しています。このジェット旅客機は、飛行高度を測定しながら航行しています。航行中の正確な高度を把握するために、さらに上空の宇宙空間を飛んでいることになっている「ＧＰＳ衛星」の電波を受信していると思っていました。しかし、それが違ったのです。

その方法とは、「気圧高度計」です。飛行しながら気圧の変化を分析して高度を計算しているのです。[※9]飛行中の気候の変化によって値が大きく変動してしまい、約３００ｍ～約１km程度の誤差が生じているようです（事故防止のため、アメリカ連邦航空局のニアミス基準値は、半径１５０ｍ、高度差60ｍと定められています）。

そして、着陸体制に入るために高度約７６０ｍ以下にまで下降すると、地上施設の「電波高度計」を使って自動操縦に切り替えられているのです。

同様に、車のナビゲーションや、スマホのＧＰＳ道案内などは数ｍ単位から数cmへと高精度になってきていますが、これはＧＰＳ衛星の電波ではなく、細かく張り巡らされた地上電波を

※９

利用しているようなのです。

通信衛星が使われていると信じ、疑いを持つこともなく過ごしてきましたが、高額な人工衛星を極力使わないで安価な方法によってＧＰＳ機能が提供されているようです。その差額はいったいどこに流れているのでしょうか。

ロケットの不思議な飛行軌跡

ＮＡＳＡなどのロケットが垂直に発射されると徐々に傾きはじめ、水平飛行が続き、遂には水平線の先へと消える姿を目撃します。それは、まるでバリア層を避けているように見えます（５－８）。また、夜空をロケットがある高度に達して飛行する様子は、まるで水面を走るボートが水しぶきを立てているようであり、上空のバリア層に阻まれているように見えるのです[※10]（５－９）。

※10

ロケット発射の軌跡は、常に放物線
垂直上昇できない理由は？

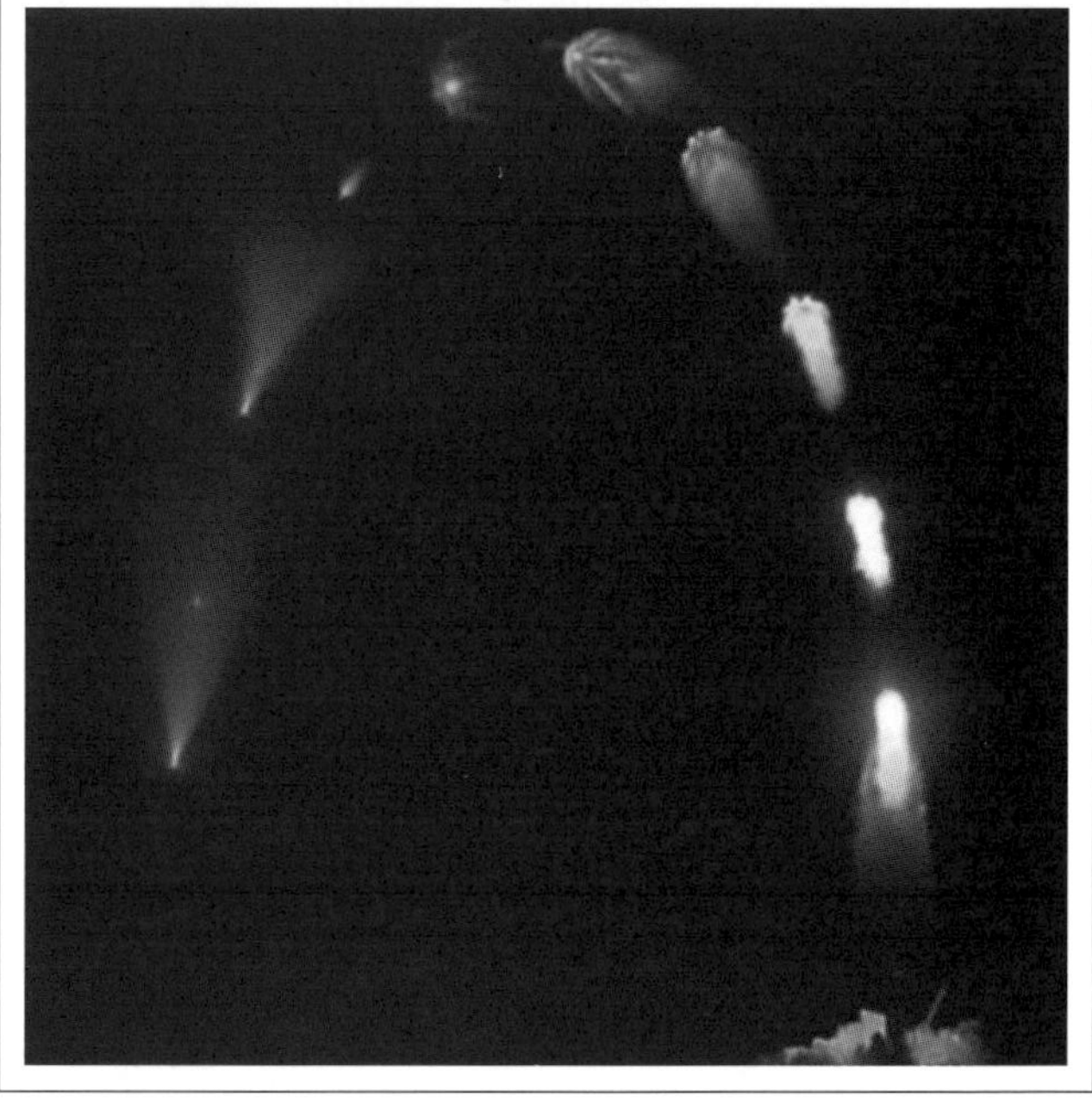

5－8

ロケットの夜空上空での様子は、まるで水しぶき

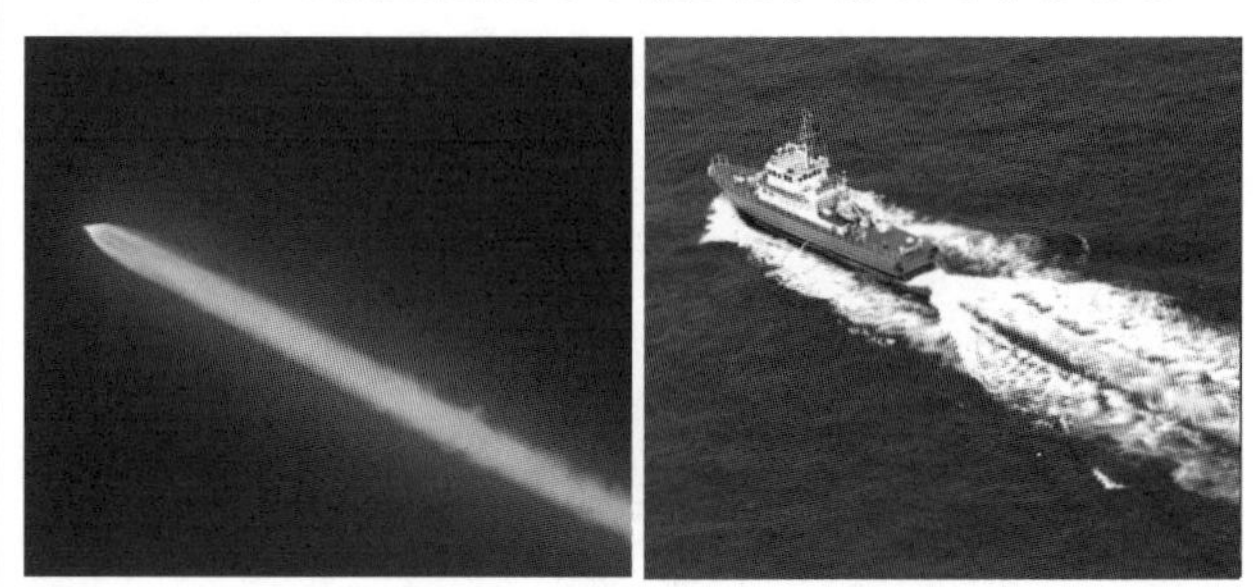

5－9

高高度を周回する人工衛星は飛んでいない

高額な人工衛星

安価な気球衛星

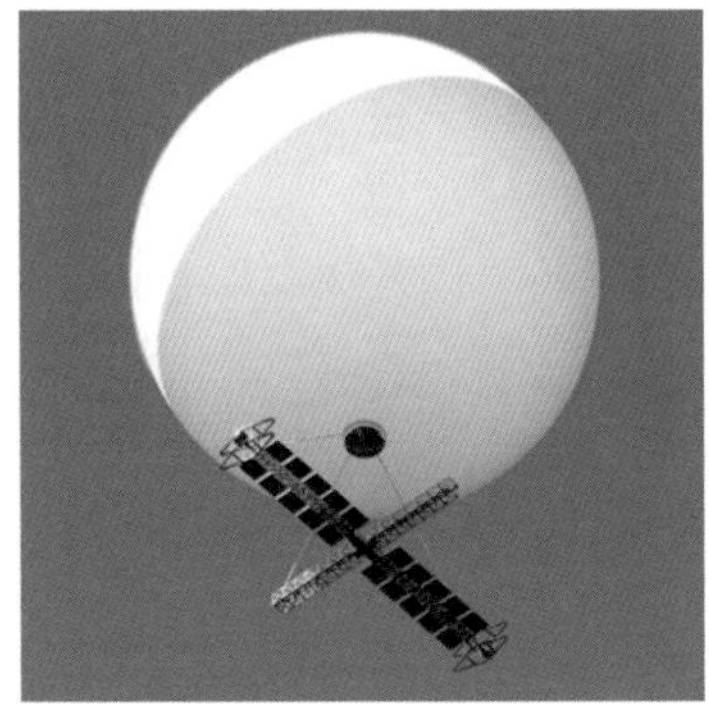

2023年アメリカ上空で
撃墜された気球衛星

５－10

えっ⁉　人工衛星は気球衛星⁉

２０２０年４月にＮＨＫがこのように報道しています。[※11]

「国連の専門機関（ＷＭＯ世界気象機関）は、新型コロナウイルスの影響による世界的な航空便の欠航で、天気予報に利用されている民間の旅客機からのデータが大幅に減り、今後、天気予報の精度が低下する可能性があるという見解を明らかにしました」

「世界各地の天気予報など気象に関する情報には、陸や海、宇宙からのさまざまな情報に加え、民間の旅客機に搭載された機器を通じて集まる気温や風速、風向きなども貴重なデータとして利用されているということです」

世界の宇宙機関が打ち上げる気象衛星や放送衛星は、２万５０００㎞以上を飛行しているとされています。[※12] しかし、バリア層があり、高度約１００㎞以上へ人類が行けないのであれば、実は、長年運用実績がある「大型ヘリウム気球」による桁違いに安価な「気球衛星」を低高度に投入し運用しているのではないでしょうか（5－10）。そして、その浮いた予算は、別の目的に利用されているのかもしれないのです。

※12　※11

近年では、さらに超高圧気球が開発されており、昼夜の寒暖差があっても一定高度を保持できるようになっています。また、気球の形状を保つために、失われたヘリウムと同量を常に補充することで、浮揚力を安定させています。

ＮＡＳＡの気球は、30年以上前から研究用に使用されており、巨大なヘリウム気球に人工衛星を搭載して浮上させてきました[※13]（５―11）。そしてＮＡＳＡは、世界最大のヘリウム消費組織でもあるのです。

また、世界各地で、気球衛星の落下が報告されているようです[※14]（５―12）。

※14　※13

南極から気球衛星が上げられている

Star Link* 衛星の正体か！実は気球衛星？

5－11

＊ Star Link（スターリンク）　アメリカの民間企業スペースＸが、約4000機の衛星を低軌道（高度600km以下）で運用しているとするインターネット接続サービス。最大４万2000機を配置し、地球上ほぼ全域での高速通信を計画しているとのこと。

気球衛星が落下していると、世界中で報告されている

軍艦から気球衛星を上昇させ上空で切り離し降下する
人工衛星の帰還シーンが撮影されている

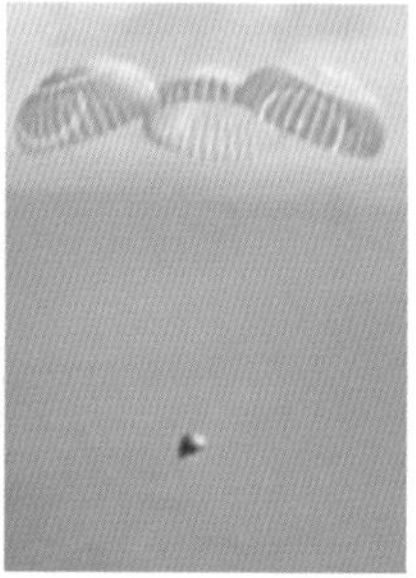

アメリカ上空で注目された気球が、衛星の正体なのか？

5－12

気球衛星はメリットいっぱい!?

「風船で宇宙を見たい」と思い立ち、自作の撮影機材を風船で打ち上げている方がいます。「Fusen Ucyu Project」の岩谷圭介氏です。岩谷氏は、衛星と比較した気球実験のメリットについて3点挙げています。

1.圧倒的なペイロード(搭載可能重量)

JAXAのH2ロケットの自重は530トンあり、低軌道に運べる重量は19トン(3・5%)、静止衛星軌道には5・5トン(1%)です。これ以外は燃料として燃焼するか海に落下していきます。しかし、自重4トンのバルーンであれば、なんと4トンの物を持ち上げることができるのです。大規模なバルーンでは、数十~数百トンの浮揚が可能であり、ロケットでは不可能な重量を上空に運んで実験することができるのです。

2.圧倒的な実験費用の安さ

一機のロケット打ち上げ費用が約100~200億円に対して、バルーンは100mサイズでも約30億円で済みます。10kg程度の物であれば1000万円ほどで打ち上げ可能なのです。

3. 実験のしやすさ

岩谷氏の気球は、通常高度30km程度まで上昇し観測が行われています。それ以上上昇すると真空度が高まるために風船が膨張し破裂して落下するそうです。それでも、NASAやJAXAによる大規模な高高度気球（5－13）の限界高度53・7kmと遜色ない高度にまで到達できているのです。

気象の影響をどの程度受けるのか、雲の高度を調べてみると、3層に分類されています。上層（13km～5km）、中層（7km～2km）、下層（2km～地表）。国際線ジェット旅客機の飛行高度が約10kmで、雲の上を飛びます。30km～50km上空を飛行するこれらの気球は、全て雲の上の安定した環境で実験できることが分かります。大規模で高額なロケットを打ち上げて実験しなくても、気球によって自動化された実験装置を打ち上げることによって、大幅

画像：JAXA 北海道大樹町　大規模気球実験

5－13

なコスト削減を行うことができるのです。

太陽光航空機NASA「パスファインダー」の実力

天候の影響を受けず、上空に数年間とどまり続けることが可能なソーラープレインが実用化されるようになっています（5－14）。

1997年、NASAの「パスファインダー」が、高度21・8㎞に到達しました。雲の上層13㎞を超え、安定した飛行が可能な高度に達しています。

1998年には、「パスファインダー・プラス」が投入され、翼幅36・8m、全長3・6m、電気モーター8個を搭載し、太陽光発電出力12・5kwh、搭載可能重量は67・5kg、高度24・445㎞に到達しました。そして2001年には、高度29・5㎞に到達し、高度は更新され続けています。

2002年には、放送用中継通信装置を積み込み、HDTVと3G無線通信が可能になりました。特に航空機に近い位置で通信できるため、地上局と比較して使用電力が1ワットで済み、地上局間の約1万分の1の省電力を実現できるようになっています。

NASA パスファインダー・プラス

画像：NASA

Softbank HAPS

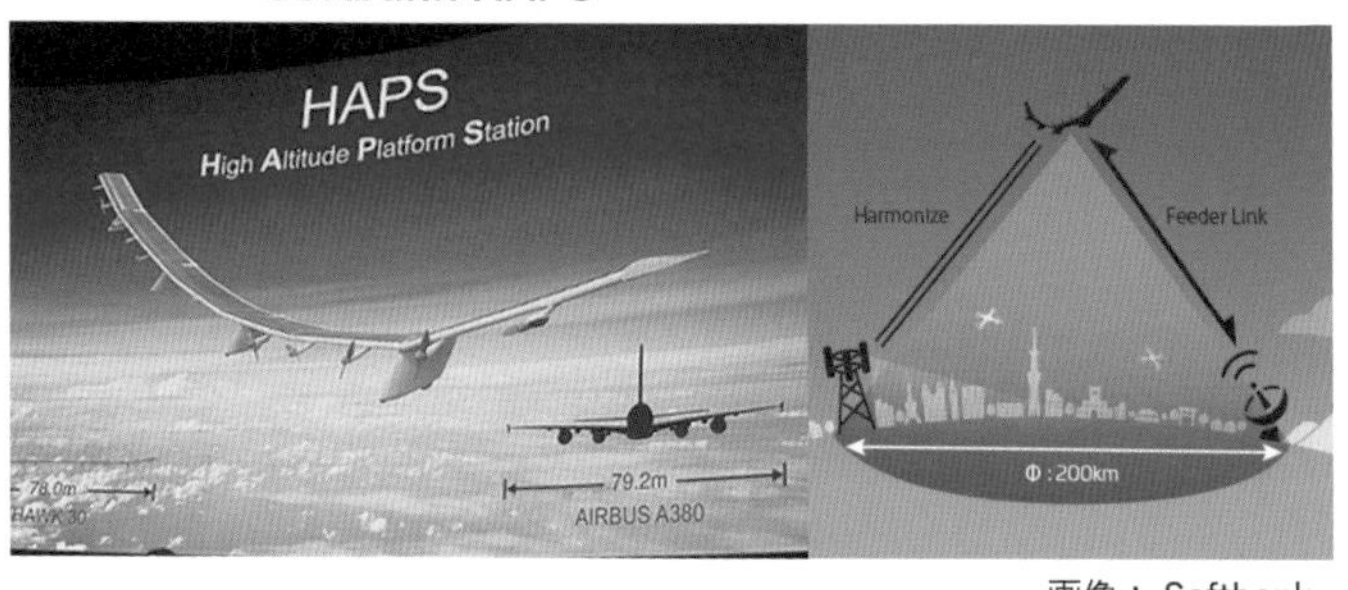

画像： Softbank

５－14

＊ HAPS（High Altitude Platform Station）　ハップスは、ソフトバンクが2027年に実用化予定の空飛ぶ基地局。空気密度が地上の約1/20で、気候が安定している高度約20kmで運用される。

人類の夢・宇宙旅行の参加者募集中！

２０２１年12月に、日本の民間人がＩＳＳで12日間の商業宇宙飛行（費用は１人50億円以上？）を体験したと話題になりました。しかし、その搭乗者は有名な富裕層であり、本当に大気圏外の宇宙飛行だったのか、数多くの疑問の声が上がっています。

そのような中、２０２２年には、フロリダの宇宙ベンチャー企業「スペース・パースペクティブ社」が、気球型宇宙船「スペースシップ・ネプチューン」による６時間の宇宙旅行を一人１６００万円で販売開始しています[※15]（５－15）。そしてすでに、旅行のはじまる２０２４年後半の飛行予約は完売しているとのことです。また２０２３年１月からは、日本の旅行代理店も予約の受付をはじめています。

この宇宙旅行では、８名の乗客と１名のパイロットが搭乗可能なカプセル型宇宙船「スペースシップ・ネプチューン」に乗り、豪華で快適な上空の旅を楽しめるそうです。

けれども、この気球型宇宙船の到達高度は、約30㎞であり、アマチュア気球と同等です。地上で30㎞先というと、車で約30分先に相当します。上空30㎞は、実感として随分と離れているように感じるものです。さらにＩＳＳが飛んでいるのは、はるか４００㎞も上空とされて

※15

います。

それにしても、一般人向けの宇宙旅行が、長年実績を積み上げてきたロケット打ち上げによる月周回旅行ではなく、なぜ上空30㎞の気球旅行なのだろう？　との疑問が湧いてきます。

実は海上ブイや船上の基地局が活躍中!?　通信ネットワークの構築

通信衛星は広域をカバーするはずですが、この衛星を補完するための海上通信基地局として、「海上ブイ」や「船上基地局」が存在します（5－16）。これらは、おもて向きには、災害時用の情報収集と、平常時の環境モニタリング用とされていますが、実は船舶や航空機の通信環境の構築に不可欠なようなのです。

深海にも超えられない壁？

1990年代メキシコ湾の深海探査船の乗組員が、今までに見たことがないすごいものを発見したと語っています[※16]（5－17）。「海底に不思議な湖を発見した。真ん中が黒いドーナツ状の暗い帯が蒸気を立てていた。その帯は貝によるリングであり、その中には湖が見えた。その水

※16

スペースシップ・ネプチューン社の気球宇宙船は船から浮上

©Spaceperspective

5－15

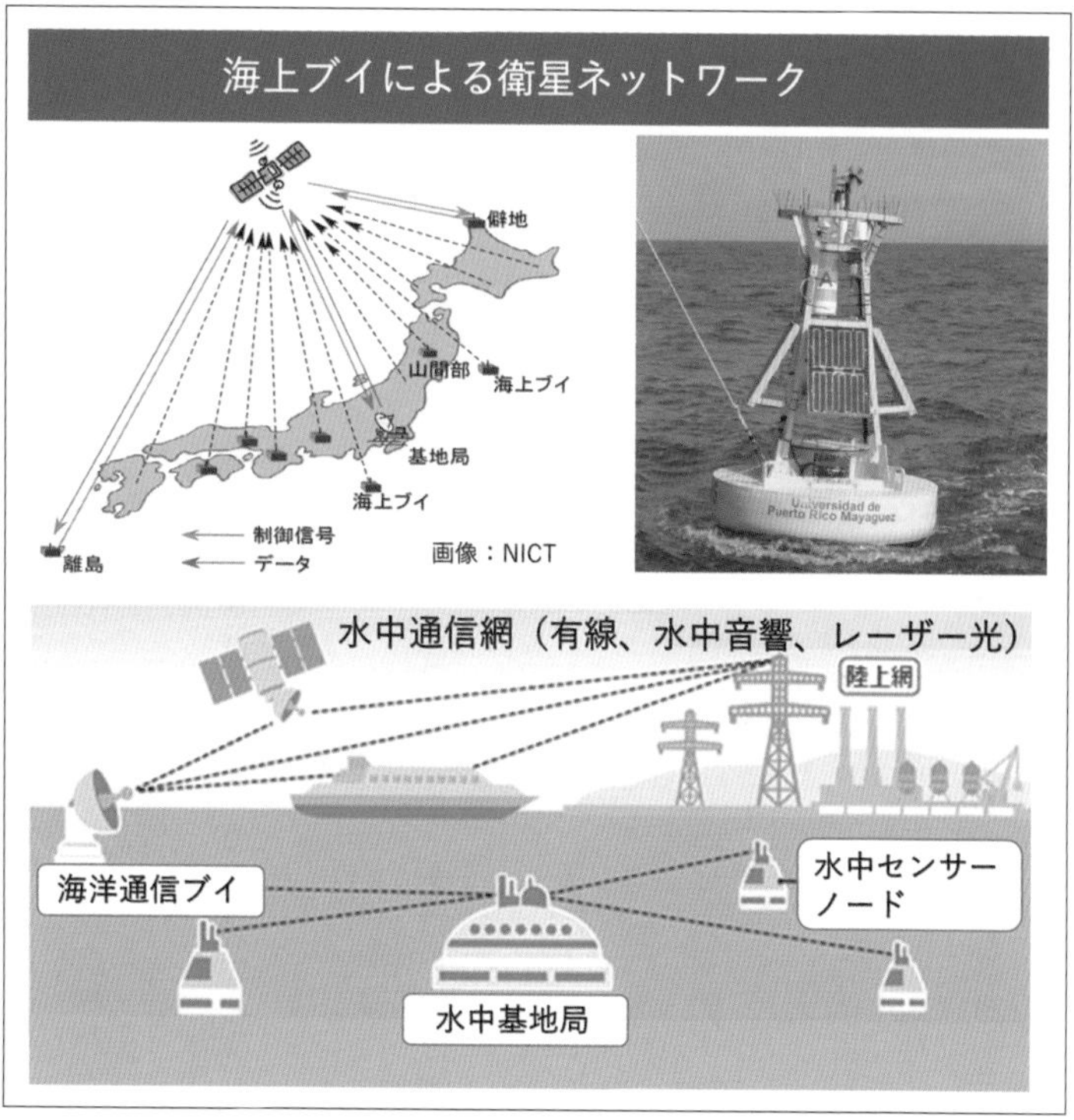
海上ブイによる衛星ネットワーク
僻地
山間部
海上ブイ
基地局
海上ブイ
離島
制御信号
データ
画像：NICT
Universidad de
Puerto Rico Mayaguez
水中通信網（有線、水中音響、レーザー光）
陸上網
海洋通信ブイ
水中センサーノード
水中基地局

5－16

弾力性のある深海の湖
all new
alien encounters
tuesday 10pm
SCI

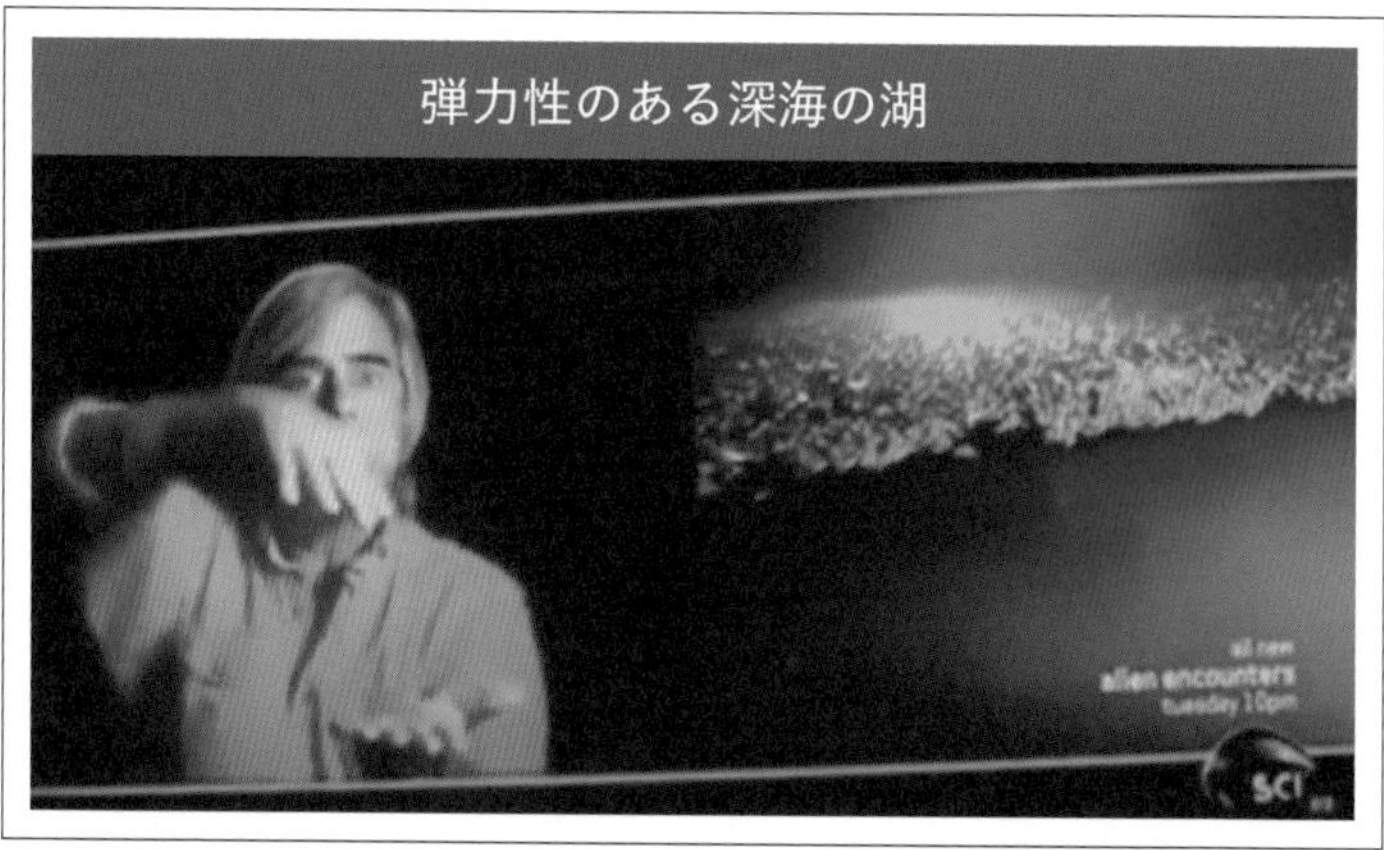

5－17

の上まで行き、潜ろうとすると超塩水でできているようで跳ね返されてしまい、その衝撃のためにその水面には、岸に向かってさざ波が生まれた」と言うのです。

「カーマン・ライン」より上空が宇宙空間？

ハンガリー出身のアメリカの航空工学者テオドール・フォン・カーマン（1881年〜1963年）による1950年代の研究で、飛行可能な揚力を得ることができる飛行限界高度は、約100㎞であると算出されました。

その後、国際航空連盟（FAI）は、上空100㎞に「カーマン・ライン」を採用しています（5―18）。このラインから上を「宇宙空間」と呼び、この線を超えると「宇宙旅行」と認定されます。またアメリカ軍は、92・6㎞以上、アメリカ運輸省傘下の連邦航空局は、80㎞以上を「宇宙空間」と定義しています。

ジェット旅客機は高度約10㎞付近、ISSは高度約400㎞付近を飛行しているとされています。けれども、カーマン・ラインと呼ばれる上空100㎞あたりには、ロケットでも超えられない壁（バリア層）があるかもしれないのです。はたして人工衛星は、本当にこの壁を超えて宇宙を飛行しているのでしょうか？

いや、やはり、ここまで見てきた各種実験などからも、上空約１００㎞には、大気圏と宇宙空間を隔てる壁があり、ロケットや核爆弾によっても突破できない強固で透明なバリア層が存在しているのではないでしょうか？

人工衛星は宇宙空間を飛んでいる？

ＩＳＳ国際宇宙ステーションへの不審

人工衛星は、約２００㎞～８００㎞を飛行する低軌道衛星と、約３万５０００㎞付近を飛行する静止衛星が稼働しているとされています。ＩＳＳ国際宇宙ステーションについてＪＡＸＡのサイトで調べてみました。

最低高度２７８㎞から最高高度４６０㎞の範囲に維持されており、平均速度は時速２万７７４３・８㎞。地球を約90分で1周、24時間で約16周しているそうです。

ＩＳＳの動力源である太陽電池が常に太陽を追尾することで電源を確保しており、常時、方

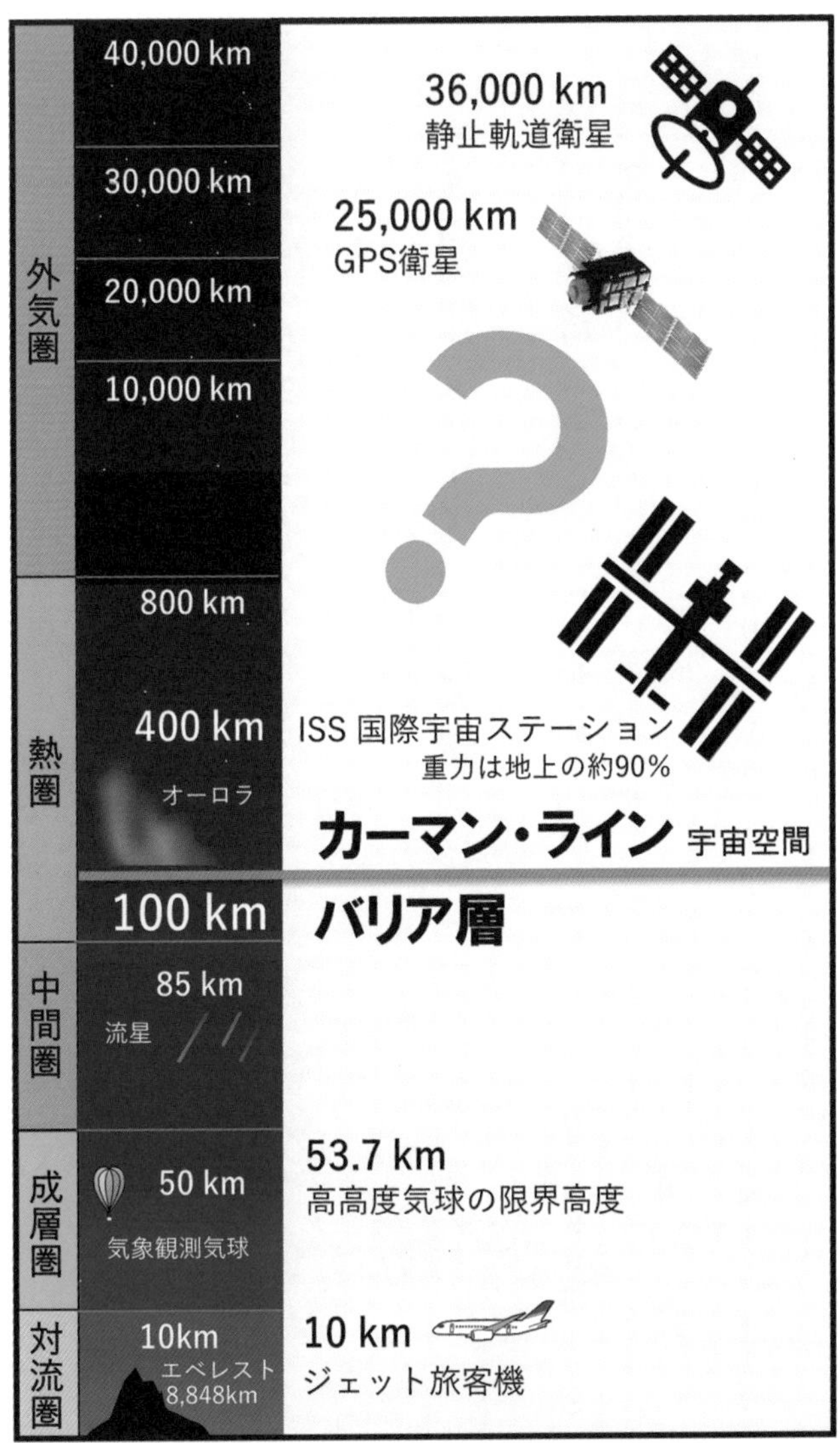
外気圏
40,000 km
30,000 km
20,000 km
10,000 km
36,000 km
静止軌道衛星
25,000 km
GPS衛星
熱圏
800 km
400 km
ISS 国際宇宙ステーション
重力は地上の約90%
オーロラ
カーマン・ライン 宇宙空間
100 km
バリア層
中間圏
85 km
流星
成層圏
50 km
気象観測気球
53.7 km
高高度気球の限界高度
対流圏
10km
エベレスト
8,848km
10 km
ジェット旅客機

5－18

向姿勢制御（推進式と非推進式）と高度制御が行われています。ＩＳＳは、大気の抵抗によって毎月約２・５km（約８・３ｍ／日）徐々に落下するため、より高い高度に毎年数回上昇（リブースト）させています。飛行計画やスペースデブリ*の接近状況などを考慮して、稀に高度を下げることもあります。

ＩＳＳの組み立て段階では、スペースシャトルがより多くの機材を運べるように、比較的低い高度に抑えられていました。しかし、スペースシャトル退役後は高度４００km以上で運用されるようになっているとされています。

また、この高度から地球を眺めると、その領域は地表面全体の３％だけしか見えない計算です[※17]（5－19）。

高度４００kmの空間には重力が、まだ約90％程度残っているとされています。この空間にある物体は、自然に大地に向かって落下するということになります。

しかし、ＩＳＳは地上へ落下することなく、またＩＳＳ内では重力が地上の約１００万分の１に維持され、ほぼ無重力状態が保たれています。ではどのような仕組みでＩＳＳは安定した周回飛行を続けているのでしょう?

ＪＡＸＡによる解説では、地球の頂点から水平に秒速８kmで物を投げると、球体から飛び出

＊スペースデブリ　宇宙ゴミ。地球の衛星軌道上を周回している人工物で、役目を終えた人工衛星やロケットの破片など。

※17

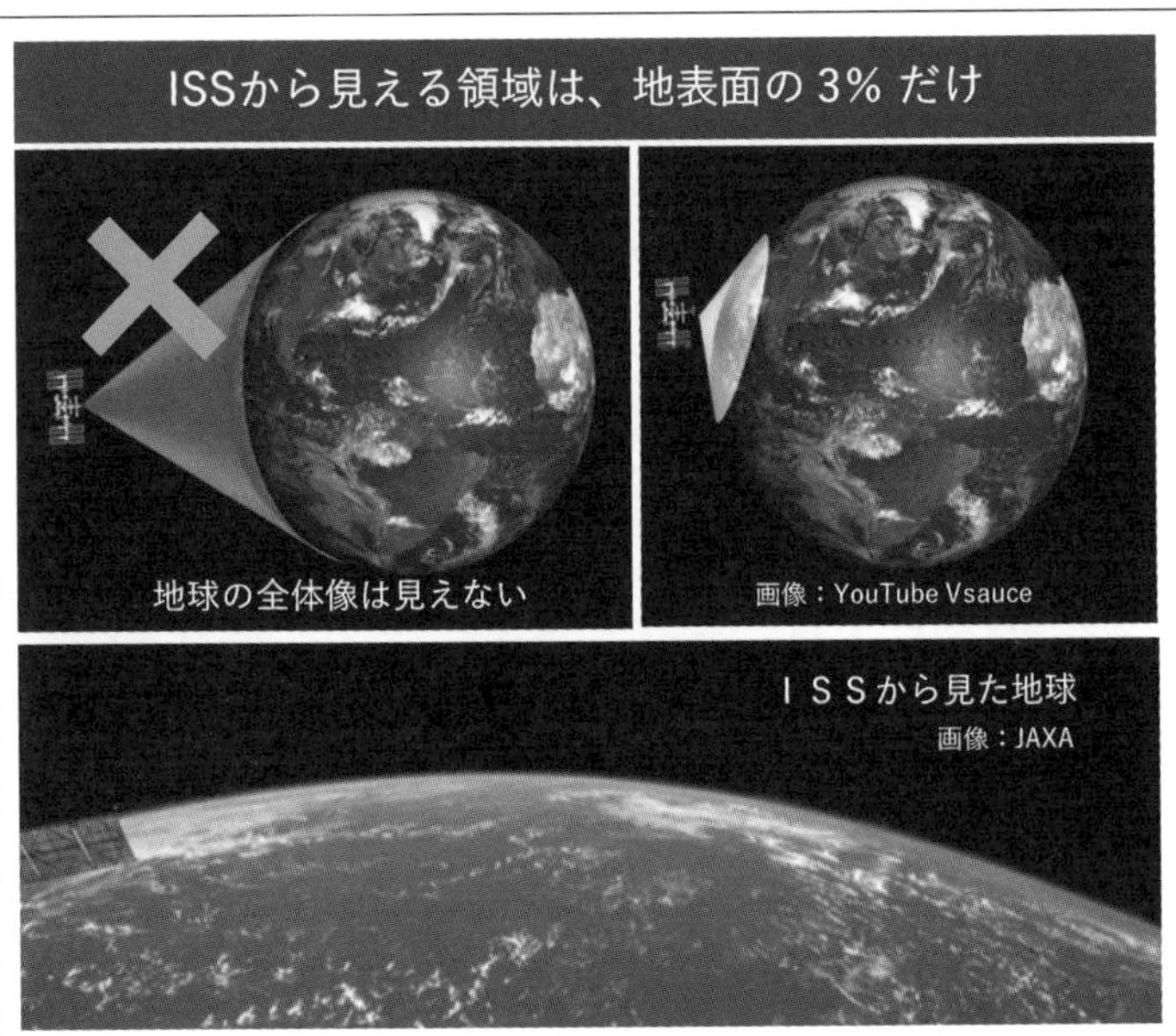
ISSから見える領域は、地表面の3% だけ
地球の全体像は見えない
画像：YouTube Vsauce
ＩＳＳから見た地球
画像：JAXA

5－19

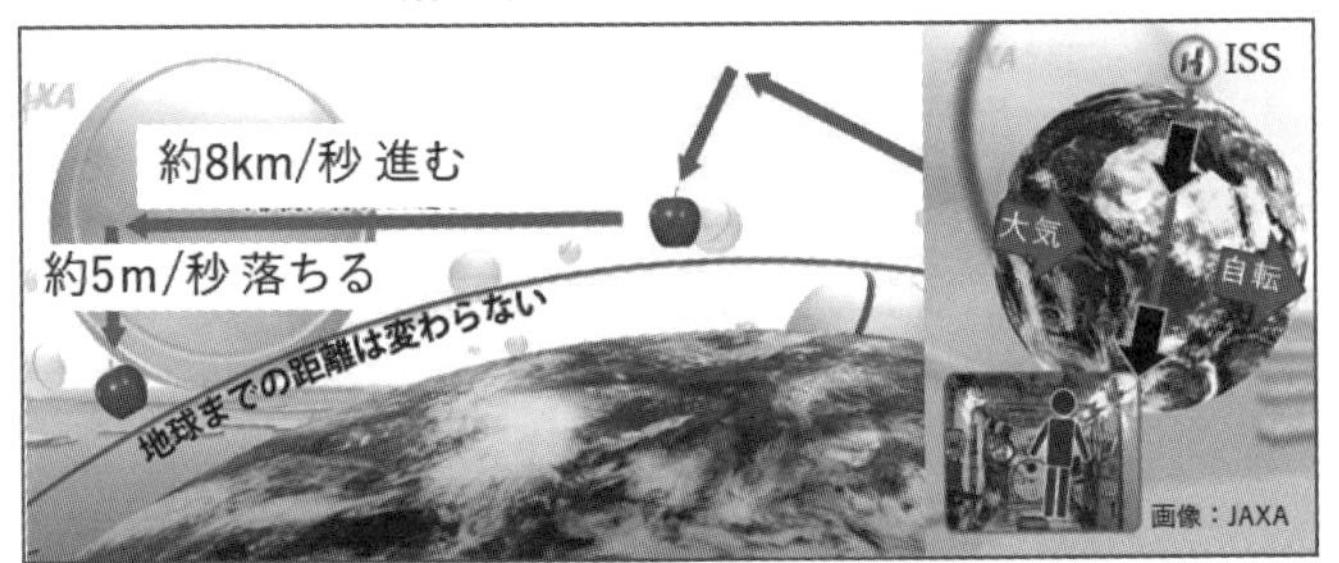
人工衛星が地球を周回できる理由
JAXAの解説　秒速８kmで投げた物は、１秒間に５m
落ち続けるため地球を周回できる
約8km/秒 進む
約5m/秒 落ちる
地球までの距離は変わらない
ISS
大気
自転
画像：JAXA
・大気は自転と同一速度（分速28km）で回転している
・自転よりも速い速度（分速474km）で飛び続けるISSは
落下しない

5－20

そうとする力と地球の中心に引っ張られる引力が働き１秒間に約５m落下し、それが繰り返されるため回転を続けるそうです[※18]（５－20）。無理やりこれで分かるでしょうと言われているような気分です。

ＩＳＳよりも低い高度の飛行は可能なのだろうか？

低高度は通常の高度と比べて、空気抵抗や材料劣化が課題となるため、高度１７０㎞～３００㎞の飛行実験が行われました。超低高度技術試験機「つばめ」が、ＩＳＳよりも低い高度約１６７・４㎞で７日間の軌道飛行を実現し、世界記録としてギネス認定されています。

重力が約90％残っている高度４００㎞よりも低高度を飛行する人工衛星や、スペースデブリ（10㎝以上の物体で約２万個、１㎝以上は約50～70万個、１㎜以上は約１億個）が、全て都合よく落下しない超高速で移動できていることになります。宇宙が存在していると信じ込ませ、加えて恐怖感をも煽っているように思えるのです。

人工衛星は熱圏や外気圏での高温に耐えられる⁉

大気圏から宇宙までの間は、どのような層で構成されているのか調べてみましたが、諸説あり定まっていないため、代表事例を提示します[※19]（５－21）。

※19　※18

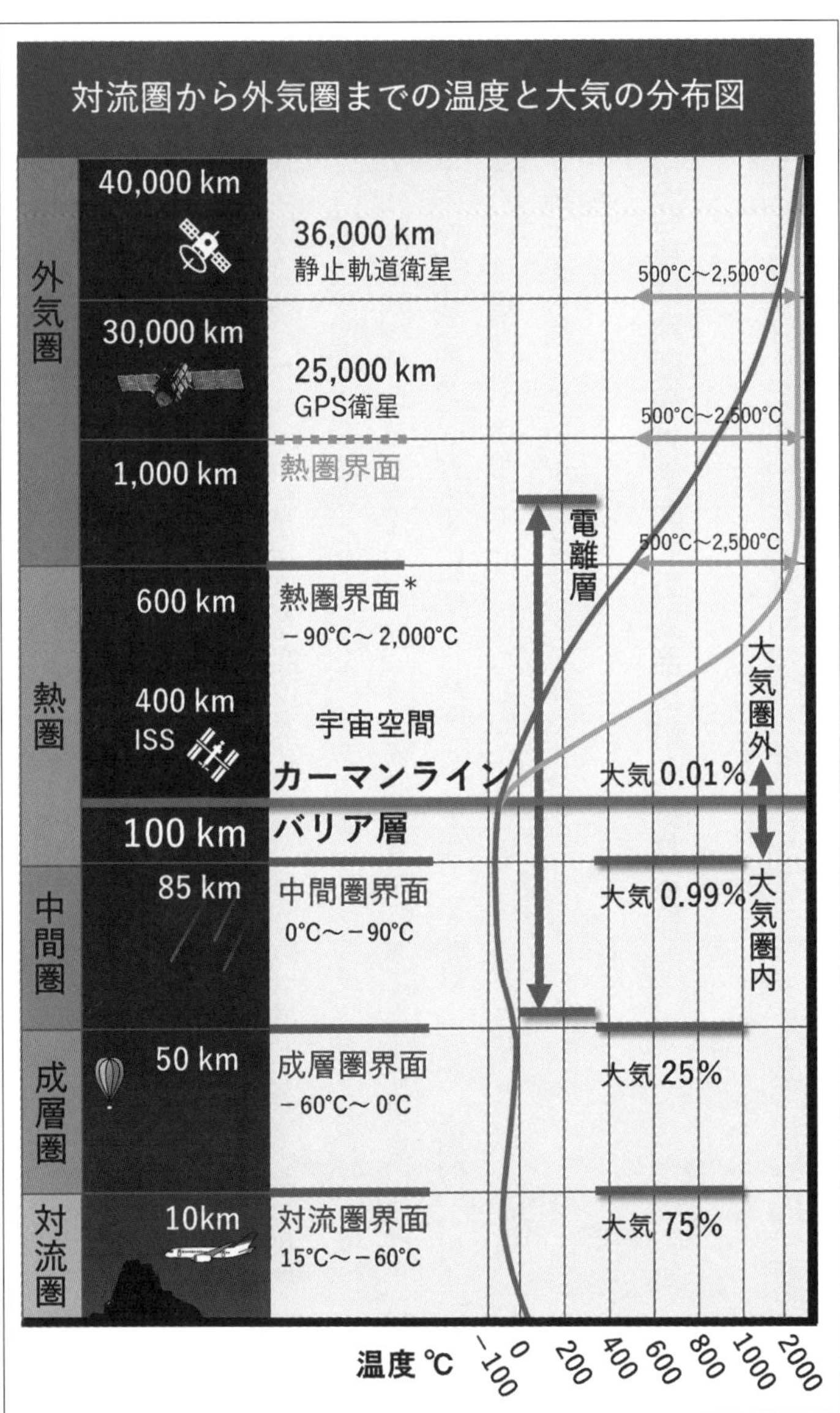

5－21

＊熱圏界面（Thermopause） 通常の高度は600㎞程度で、場合によっては1000㎞まで変動することがあるとされている。その変動については諸説あり、主に太陽活動や地磁気活動の影響といわれている。

大気（低密度の窒素、酸素、ヘリウム等）が残っている高度は、【外気圏】の高さ1万kmまでとされています。高度85kmを超えると急激に温度が上昇し、太陽活動が活発な日照時に赤外線を受けた物質は、最高2500℃にも達します。ロケット本体に使用されているCFRP素材（炭素繊維強化プラスチック）は、耐熱温度300℃であり、2200℃にも達する【熱圏】では、タングステン等特殊金属以外は耐えられない温度なのではないでしょうか？

【対流圏】0km（15℃）〜10km（マイナス60℃）：大気の大部分が存在し天気現象が発生。高度が1km上昇するごとに約6・5℃低下。

【成層圏】10km（マイナス60℃）〜50km（0℃）：オゾン層が存在し紫外線を吸収。ジェット気流が存在。

【中間圏】50km（0℃）〜85km（マイナス90℃）：流星が燃え尽きるのに十分な大気が存在する。高度が高いほど温度は急激に低下。

【電離層】60km〜1000km：多くの電子やイオンが生成され、電波の反射や吸収に重要な役割を果たしている。

【カーマン・ライン】100km（マイナス70℃）：この線より上は宇宙空間であり、航空力学的な飛行が困難となる（国際航空連盟による設定ライン）。

【熱圏】85km（マイナス90℃）～600km（500℃～2500℃）：急激に温度が上昇。オーロラ現象が発生。太陽活動の影響を受けやすい。鉛（融点327・5℃）等が使われている電子部品は溶けてしまう温度。高度400kmを飛行するISSの主要な構造部材は、AL－CU系のアルミ合金であり、融点は約500℃～640℃。

【外気圏】600km以上（500℃～2500℃）：大気分子が非常に希薄。ソーラーパネルのヒ化ガリウムは、1200℃で溶融。

真空でロケットは進める？　過酷な船外活動と手縫いの宇宙服

人工衛星が推進力を得るためのロケットの種類は、大きく分けて2種類あります。強力な推進力が得られる大型ロケットエンジン（化学推進）と、弱い推進力でも小型で省エネルギーのイオンエンジン（電気推進）です。ロケットが飛行するためには、噴射による作用と反作用が欠かせません。低軌道には、まだ窒素や酸素があり、反作用の力が働きます。しかし、真空の宇宙空間では、反作用の力を伝える物質が希薄なために推進力が働きません。つまり、大気が希薄で真空状態に近い高度1万km以上では、軌道飛行する人工衛星というものが存在できない可能性があるのです。

ＮＡＳＡやＪＡＸＡの宇宙服は、１００％酸素濃度で満たされています。

海中の水深20ｍでダイバーが使用する酸素ボンベは、21％酸素と79％窒素が使用されており、さらに深海では通常21％以下の酸素濃度で運用されています。時に、１００％酸素濃度が短時間使用される場合があり、それは水中で呼吸困難となった緊急時や、減圧症（しびれ、筋力低下、めまい、呼吸困難等）治療が必要な場合に限られています。

病院で１００％酸素濃度の吸入治療を行う場合は、通常１～２時間の吸入を数回に分けて行

手縫いの宇宙服

船外活動装置の酸素タンク

メイン/バックアップファン
予備酸素タンク
水バッグ
CO_2除去カートリッジ
熱交換機
CO_2センサフィルター
水フィルター
水分分離器
主酸素タンク
バッテリー
テレメトリ装置

画像：National Space Transportation Reference Volume 1 System and Facilities

5－22

い、長時間の使用は避けられています。なぜなら、長時間吸入を続けると肺組織が損傷を受け、「酸素中毒」（麻痺（まひ）、耳鳴り、めまい、失神、けいれん発作等）を発症し、最悪死に至る場合もあるためです。

ダイバーは、酸素ボンベを使用して最長何時間潜水できるのでしょうか？　20ｍ程度の水深で安全な潜水時間は、30〜40分とされています。それでは、１００％酸素濃度を吸って作業を行う宇宙飛行士の宇宙遊泳の最長滞在時間はどれくらいなのでしょうか？　それは、２００１年3月11日ＩＳＳ国際宇宙ステーションの組み立て作業時に達成した、8時間56分とされています。

１００％酸素濃度を8時間吸入し続けると、地上では「酸素中毒」になり死に至ることがあるといいます。しかし宇宙では、なぜか9時間近く吸入し続けても元気に作業が行えるのです。この小型酸素ボンベを搭載した手縫いの宇宙服1着が、約10億５０００万円なり（５－22）。どうも納得がいきません。

機体メンテナンスは兼任で

１９９８年、宇宙での建設がはじまり、２０１１年7月に完成したとされているＩＳＳは、すでに10年以上運用されています。高度２００km〜４００kmの熱圏の中、約７００℃〜１７７３℃の環境で約10年間飛び続けています。これほど高温に長期間さらされ続けながらも、問題なく機能する金属素材や太陽光パネルは、そもそも世の中に存在するのでしょうか？

鉄道会社や航空会社では、生命に関わる車両点検を、定期的に専門の技術者が、コツコツと車輪を叩き自分の耳やセンサーで音を聞き分けるなどして、綿密に行っています。

超高速で飛行しているＩＳＳを維持管理する専門家は存在するのでしょうか？

ＪＡＸＡのサイトを調べてみました。

コマンダー（船長）が1名と、フライトエンジニアの2職種のみだということです。

フライトエンジニアは、ＩＳＳのシステムと実験装置を正常な状態に維持するとともに、宇宙実験の運用を行うことが主な任務です。フライトエンジニアの仕事は多岐にわたり、ＩＳＳのシステムや実験装置の定期点検・保守・修理、宇宙船や補給船の到着や分離の際の運用、ロボットアームの操作や船外活動、また宇宙からの教育活動や広報活動のための撮影なども行います。

ＩＳＳは、高度約４００km上空を時速約2万７７４３・８km（秒速約７・７km）の猛スピードで飛行しています。鉄道や航空の専門分化した機体管理体制と比較して、ＩＳＳでの多業務を兼任しているフライトエンジニアのメンテナンスだけで、長期間の安全な飛行が継続できるものでしょうか？（5－23）

何かが、おかしいと感じるのですが……。

曲芸師のような宇宙遊泳

ISSカナダアーム2の先端に
足を固定して船外活動！
デモンストレーション？

5－23

【まとめ】世界最大級の秘密の隠蔽

謎が多い南極関連の情報を探索すると、１９５９年発行の百科事典に南極の「ドーム」に関する記述がありましたが、その後の版では削除されていました。１９６１年には「南極条約」が締結され、一般人の南極への立ち入りが禁止となり、謎の究明が困難な状況が続いています。

１９６２年には、バード少将率いる「ドミニク作戦」が実施され、「バリア層」の突破が目的ではないかと思える核爆破実験が繰り返されました。そして２０１４年になると、アマチュアロケットの打ち上げ実験が実施されますが、高度１００km付近で突然ロケットの上昇が停止してしまいました。

どうやら、深海で発見された弾力性のある壁と同様に、上空１００km付近には、核爆発でさえも突破できない「バリア層」があるようなのです。地上から高度１００km付近までは、豊かな大気と太陽光エネルギーに満たされており、それが「バリア層」をしっかりと支え、その「バリア層」が生命を紫外線等から守ってくれているようです。

発射されたロケットが垂直に１００kmほど上昇した後には、決まって水平飛行に移り、視界から消えます。最後は海に落下しているのではないでしょうか。実際に、打ち上げられたロケットの残骸が海岸にたどり着いた画像が公開されています※20・21（5－24）。

これまで多数の衛星が、大型ロケットを使い発射台から大々的に打ち上げられてきました。しかし実際には、安価な気球に衛星を搭載し、次々と安定軌道に乗せてきたのかもしれません。ＮＡＳＡは、１９５０年代から高高度気球（高空気球）を、世界各地から浮上させており、特に南極からの浮上は、高高度と長期観測を可能にしてきました。このように、ロケットと気球との経費の莫大な差額が生み出され、秘密の裏資金が作られてきたようなのです。

現在、旅行会社が開催している南極観光ツアーは、アルゼンチンやチリ最南端部に近い南極半島といわれる一部のエリアの海岸付近をクルーズするものが多いようです。しかし、平面大地と海洋の全周を取り巻く平均標高２４５０ｍの「氷の壁」からは離れているため、その状況を確認することはできません。

もしも南極の奥へと進んで行った場合、「バリア層」が現れ、その下端は大地に接しているのでしょうか？　そのような南極の秘密が一般の人々に知られ、長期にわたって浸透させてきた人類史上最大級の嘘が暴かれることを、支配層は恐れているのかもしれません。

地球は球体ではなく、実は、フラットなのだと（5－25）。

※20

※21

ロケット打ち上げと漂着

ファルコンロケットの残骸が、テキサスの海岸に漂着

発射から14カ月後に発見

ロケット先端部風の断熱材か？
2018年シーブルック島（ヒューストン宇宙センター近く）で発見

５－24

どこまでもフラットに見える大地

大地の曲面はどこにあるのか？
右下の東京スカイツリーから富士山まで約100km。

画像：Twitter

5－25

第６章

やっぱり地球は丸くない⁉フラットアースの真相を追究！

フラットアースの世界を探究！

近年、世界中で興味を持つ人が増えている「フラットアース」ですが、平面大地から宇宙の恒星に至る基本構造はどのようになっているのでしょう。

ＹｏｕＴｕｂｅ検索で優先表示される動画の多くは、フラットアースを揶揄する目的で制作されているか、もしくは、フラットアーサーが否定している内容を理解せずに表現しているため、真相とかけ離れてしまっていることすら知らずに公開されています（６－１）。

嘘のフラットアース説――嘘を紛れ込ませる「地球平面協会」の説

フラットアースに関する情報発信の中心的な活動を行っているのが、アメリカの「地球平面協会」ですが、誤情報の浸透を意図しているのかとさえ思える内容があるので注意が必要です。

6－1

①大地の端から海水が滴り落ちている。
②ゲーム「パックマン」のように端まで行くと反対側から登場する。
③大地全体が上昇して重力が生まれている。
④大地の中央（北極）に向かって重力が強くなっていく。
⑤無限の宇宙が広がっている。

国内外のフラットアーサーの主張とかけ離れた、これらの内容を意図的か、または知らずに流しているのです。多くの天文学者によって蓄積された「球体説」の理論と比べ、「フラットアース」理論は、個人ベースの考察であるために、共通認識といえるほどの定義がまだないのが実情です。

フラットアースの基本構造とは？

情報発信しているフラットアーサーが、共通して述べている内容をまとめると次のようになります（6−2）[※1]。

①大地はフラットで不動。水は常に水平であり大地の「曲率」は、認められない。
②円形大地の中央が北極、周囲は南極の高い氷の壁が取り囲み海水を保持している。
③太陽と月は、ほぼ同サイズであり、大地に近い上空を1日1回転している。
④太陽は、北回帰線と南回帰線の間を1年周期で回転している。日本では、中央寄り（北回帰線付近）のコースをめぐる時期が夏、外側（南回帰線付近）が冬。
⑤太陽光は、スポットライト風に部分的に大地を照らしている。
⑥恒星は、天空のほぼ固定された位置関係にあり、1日に1回、上空を周回している。
⑦恒星の外側を、ドームが囲っている。
⑧恒星は、何億光年も遠く離れていない。
⑨水平移動している太陽は、東の消失点から現れ、頭上を通過し、西の消失点に消える。

※1

⑩重力や引力はなく、落下や浮上は物の密度と比重に基づいている。
⑪宇宙間に壁（バリア層）があり、人工衛星は広大な宇宙空間へ到達できない。
⑫ＮＡＳＡ等の宇宙機関が提供する映像は、ＡＲ（拡張現実）技術を活用した合成映像。

フラットアーサーからは、太陽や月に関する仮説が多数提示されています。これらは、貴重な一つの参考情報として一旦受け止めておきます。

①月も太陽も星も発光体であり着陸はできない。
②太陽は雲の背後や下に見えることがあるため、大気圏内にある。
③月の直径は、約51㎞、上空４８００㎞～５７００㎞付近を周回している。
④満潮と干潮は、月の引力の影響ではない。
⑤太陽も月もフラットなディスク形状。日食では、２枚のディスクが接近して重なる。
⑥月食は、黒くて見えない天体（ラーフとケートゥ）が、太陽光をさえぎっている。
⑦月は平面で、ホログラムによって立体図形が発光している。

フラットアースのイメージ

南
東
西
北
北極
南極(全周囲)
太陽
月
北
西
東
南

南極の氷壁が大地の全周を囲っている

画像：The Sun

6−2

賛同者は限られますが、月や地球に関する全体像の仮説が提示されています（6−3）。

①テテラビスタ説：大小2重ドームの小型ドームが地球領域であり、2万5920年でテラビスタ領域を1周。大ドーム全体の地形は、月面の地形が何らかの方法で投影されている。

②マザーアース説：巨大な球体に地球や惑星ごとの、くぼんだ領域が点在している。

③南極入口説：南極の氷壁の途中が外部とつながり、外側の土地への入り口になっている。

④未知の地上説：四方の果てには、さらに大陸が数多く広がる。

⑤マルチ惑星宇宙説：巨大ドームの下に178個の世界が展開している。

⑥多重ドーム説：地球のドームの外にも複数のドームに囲まれた土地が広がっている。

フラットアーサーが注目している平面地図を紹介します。

①アジマス正距方位地図：なぜか国際連合や国連機関の旗に使用されている。

②グリーソンの地図：平面大地を正確に表現しているとして支持されている。

③ポーリーの円錐投影法の地図：地球を円錐の側面に投影して描いている。

④二重平射図法の地図：北極と南極の両方を中心とした投影法で、両極から地球を見た図。
⑤メルカトル図法の地図：一般的な地図投影法。高緯度地域の面積が拡大され、歪みが大きい。

次に、私の考えるフラットアースの基本構造を付け加えておきます（6－4）。

①北極上空の高度約100㎞から南極につながる大地全体を覆う凸レンズ形状のバリア層があり、大気を保ち隕石や放射線から生命を保護している。
②バリア層の下は、気圧が保たれており、比重が生じ、引力・重力の概念が不要。
③バリア層は、強靭（きょうじん）で自己修復し、ロケットの接触で水しぶきを上げ突破不可能。
④バリア層上空は、太陽、月、惑星、恒星が周回する閉鎖空間。
⑤バリア層上空には、大地全体を覆うドーム（天蓋）があり、内部は高温時に発生するプラズマによって99・9％満たされている。
⑥太陽や恒星は、超高温プラズマによる核融合によって輝き続けている。

ここに挙げたような情報が共有されていない状態で、球体か平面かと議論しても、全く話が

フラットアース像の各種アイデア

①テラビスタ説
2万5920年で一周する大地

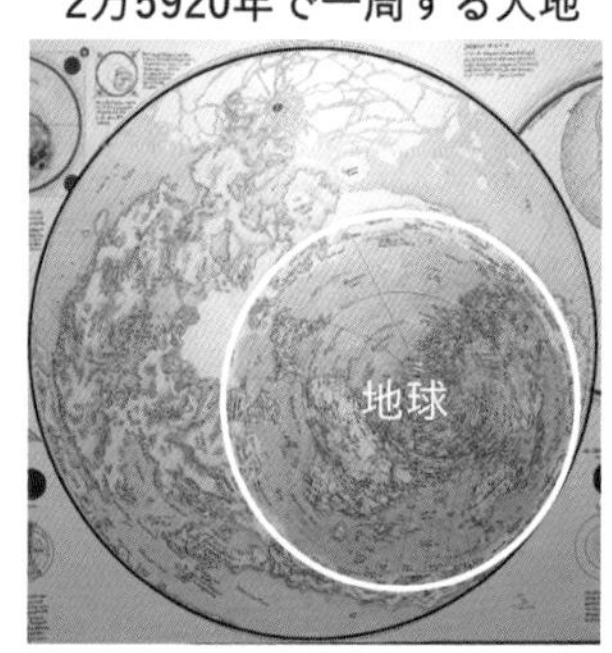

②マザーアース説
1個のクレーターが地球

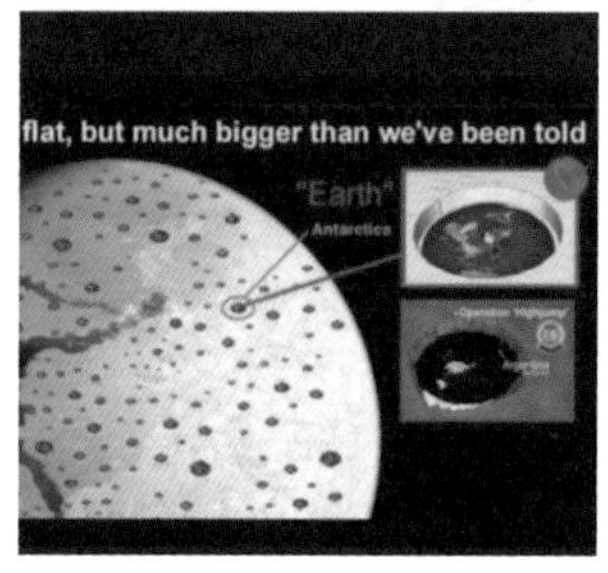

③南極入口説
未知の土地への入り口

④未知の地上説
大地の外に多数の土地

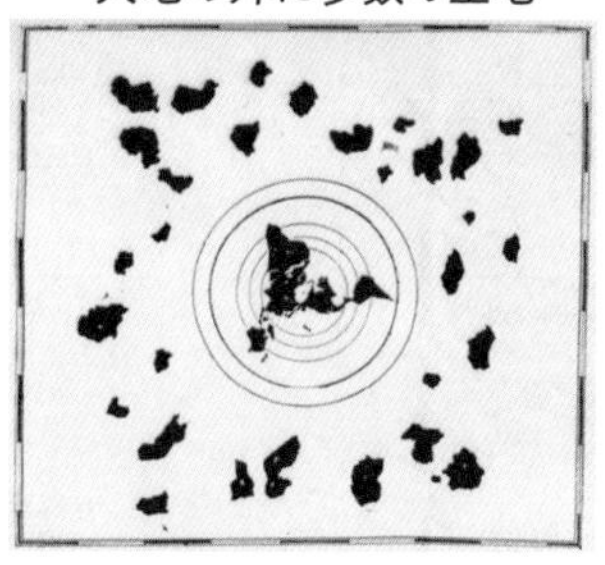

⑤マルチ惑星宇宙説
一つの池が地球

⑥多重ドーム説
何重も外に続く天蓋

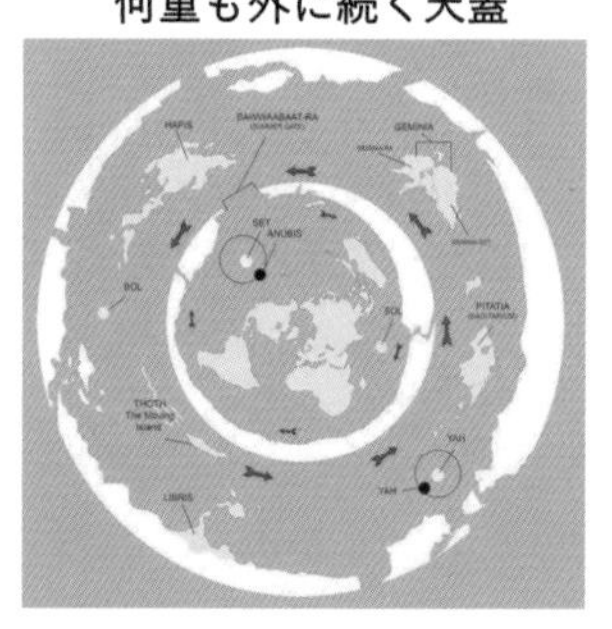

6－3

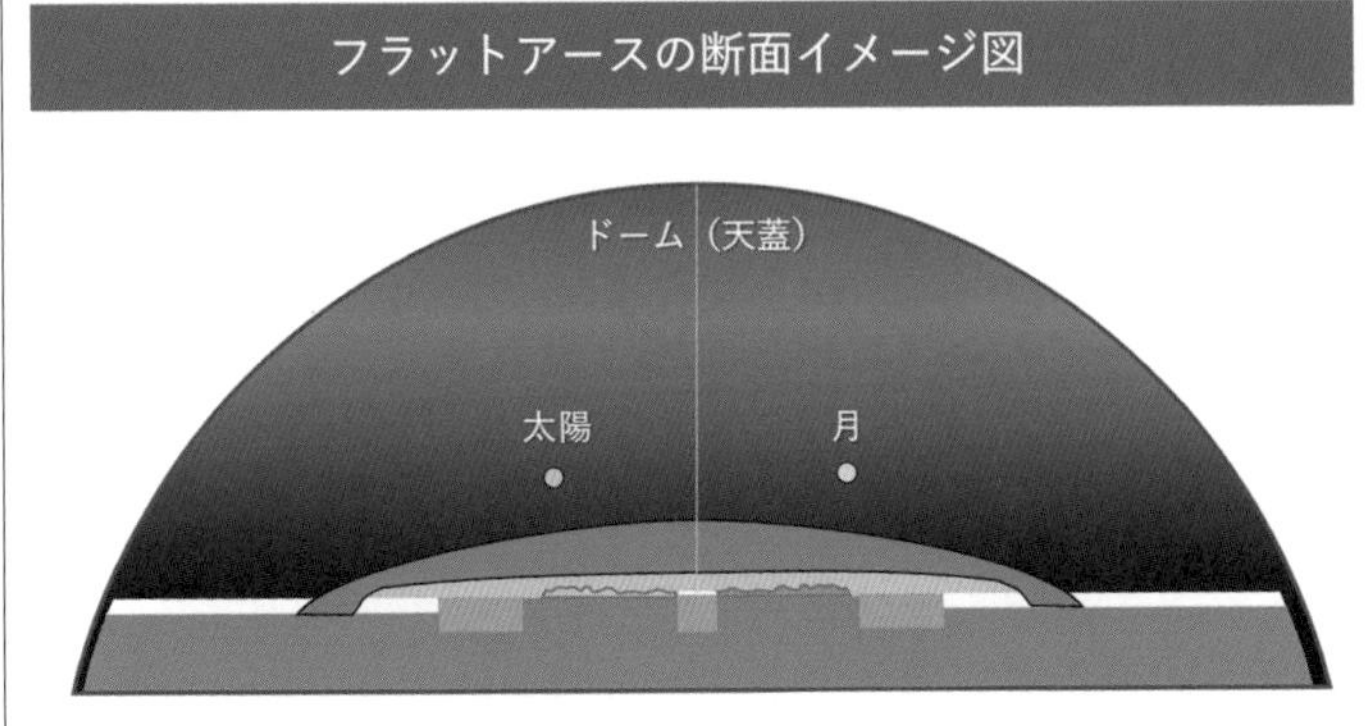

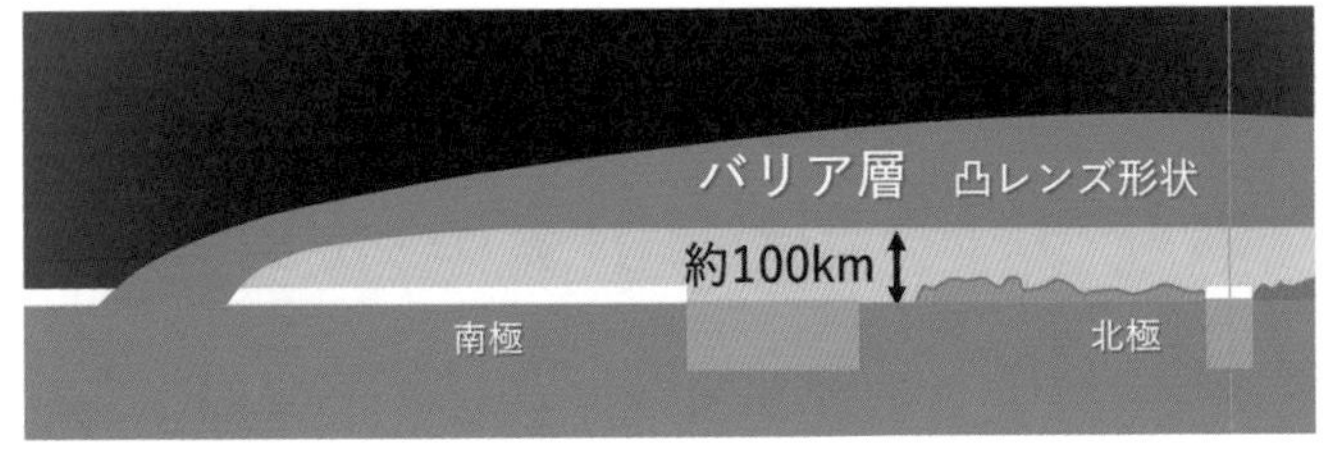

・全体はドーム（天蓋）に囲まれている
・太陽や月や惑星が、バリア層の上空を、ほぼ１日に１周
・約100km上空に凸レンズ形状の透明なバリア層があり
太陽光を集光し昼と夜を作り出している (※2)

６－４

※２

噛(か)み合いません。共通認識ができた先に、やっと課題が見えてくるのではないでしょうか。

議論を重ねることによる共通認識を持つことが大切だと思うのです。

フラットアースを実感！ ——パイロットに突撃インタビュー！

飛行機に搭乗した乗客が、パイロットに直接インタビューした動画が、インターネットに多数上がっています（6－5）。そのやり取りの一部をご紹介しましょう。[※3]

Q「機長、お聞きしたいことがあって。ある高度に達した時に、曲率を調整するのですか？」
A「あ～そうですね、太陽が昇ってくるのを見た時ですね」
Q「でも飛行中、ずっと均一な飛行速度ですよね？」
A「ええ」
Q「つまり、あまり曲がっていないというかフラットな感じ」
A「ああ、そうだ」
Q「平らっぽい？　やっぱり平らってことですね？」
A「何が？」

※3

Q「地球は平らということですよね？」

A「ああそうだ、そうだよ平らです」

Q「ありがとうございます。感謝します」

Q「上空でカーブがあると分かりますか？」

B「カーブ？　いえいえ曲がってませんよ」

Q「え、曲がっていない？」

6－5

B「はい、全域平らですよ」

Q「機長、お聞きしても？　地球は平らですか？　丸いですか？」

C「平らですよ」

Q「ありがとうございます！　私もそう思います」

Q「パイロットですか？」

D「はい、そうです」

Q「一つ質問です」

D「OK」

Q「空中で降下する時、下げるのか、まっすぐのままか」

D「まっすぐだ、少し機首を上げ気味にするが、でもまっすぐなんだ、下げないんだ」

Q「そうですね、ありがとうございます。ここに来た甲斐がありました。感謝します」

D「どういたしまして」

Q「機長、質問いいですか？」

E　「ええどうぞ」

Q　「私は飛行機に乗っていて、結論から言うと、曲率を認めていない、ないと思っています、この曲率はありえない、間違いなく平らだと思っています」

E　「平らだよ」

Q　「ありがとうございます」

Q　「ちょっと真面目な質問があるんですが、湾曲のこと、曲率はないですよね」

F　「曲率？」

Q　「はい、そうです。曲率はないんですよね？」

F　「ないよ」

Q　「え、やっぱり？　平らですよね？　絶対。正直に、ですね？　真面目に？」

F　「そうですよ、ないよ（カーブは）」

Q　「一つだけ聞きたいことがありますが、平らですか？　球体ですか？」

G　「平らか、球体かって？」

Q　「実感できないからです。球の上に住んでいるのであればまわりを飛ぶしかない。平らですか？　球体ですか？」

G「平らだよ。平らだと思うよ」

Q「ええ、私もです。私にとっては間違いなく」

Q「一つ疑問がありまして。飛んでから降りる時の角度は決まっているのでしょうか？」

H「3度です」

Q「3度？　地球の曲率があるんですか？　平らじゃなくて？」

H「ええ、つまり、対流圏のその上を飛べばいいんです」

Q「ほんとに？　ずっと降りていくのですか？」

H「実際には鼻先を上げなければならないので、そして降下させる」

Q「なるほど。フラットアースの本を読んでいて納得がいったからです。フラットアースの本をたくさん読みました」

H「OK、その通りだ、本当のことだ、真実だ。それは事実だ」

Q「機長、地球は平らですか？　平らですよね」

I「ああ、そうだよ。あ、言っちゃった」

Q「質問したいんですけれど、曲率はないという結論に達しました。私は曲率を認めないです。曲率なんてありえない、ランダムな平面でしょう？」

J「はい、合ってます、間違いなく平ら」

Q「ああ、ありがとうございます。グルグル回っている（平面上を）？」

J「そうです」

Q「それで、北は真ん中でなければならないのですね？　そうすると方位磁石は、平らな平面で機能する」

J「方位磁石？　ええ、そう」

Q「ただ凹凸がランダムにある平面なんですよね？」

J「そうだよ」

Q「今日のこの日に感謝します。私のことを違うと言う人がいるんだ。確かに笑われるのが怖いです。でもこれは冗談じゃない。ありがとうございます機長。機長が認めている、世界は円形で平らです」

フラットアースデザイン

【仮説】フラットアースにおける惑星の周回

もしも、大地がフラットだとすると惑星は、どのように並んでいるのだろう?

「天動説」で説明されている惑星の並びを、そのまま適用できるのだろうか?

太陽の近くを公転している水星と金星だけが、太陽の手前を通過します。他の惑星は、太陽の手前を横切ることがありません。

仮説は、何の根拠もない単なる想像にすぎないという方がいるかもしれません。

しかし、私には、不思議だなと思う感性があり、さらに、多くの天文学者によって集められた天体ソフトのデータを活用することができます。

現時点(2024年執筆時)では、「フラットアースが正解だ」という確証が得られていない状況ですが、私の仮説によって他の人のインスピレーションに刺激を与え、次につながるヒ

手作りのフラットアース構造モデルや仮説検討メモ

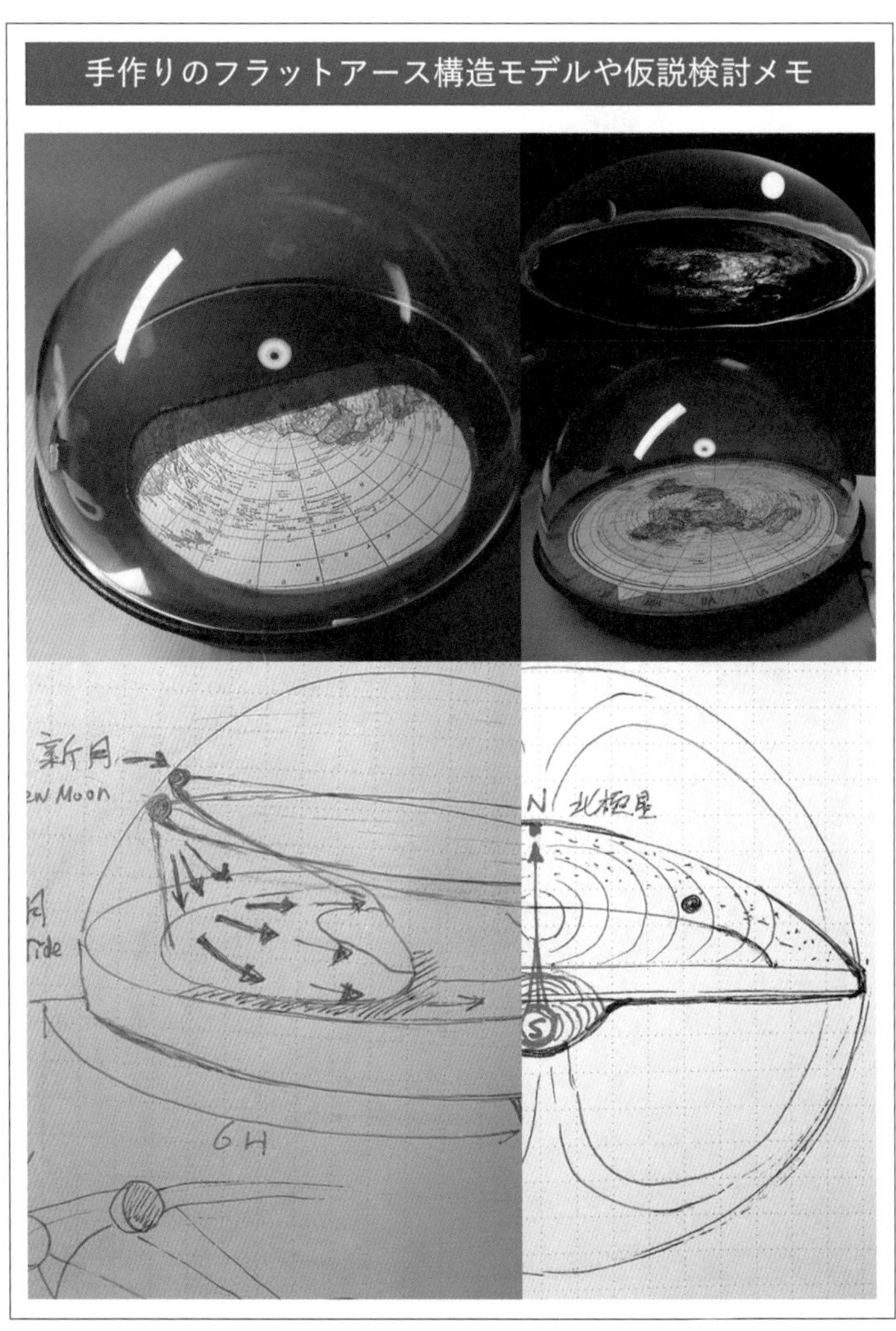

6－6

ントが生まれることを期待して取り組んでみます（6－6）。

フラットアース説の太陽は、北極点を中心として1日で1周し、1年かけて北回帰線と南回帰線の間を往復します。その1年間の軌跡「アナレンマ」は、フラットアース説の説得力を高めているようです（6－7）。

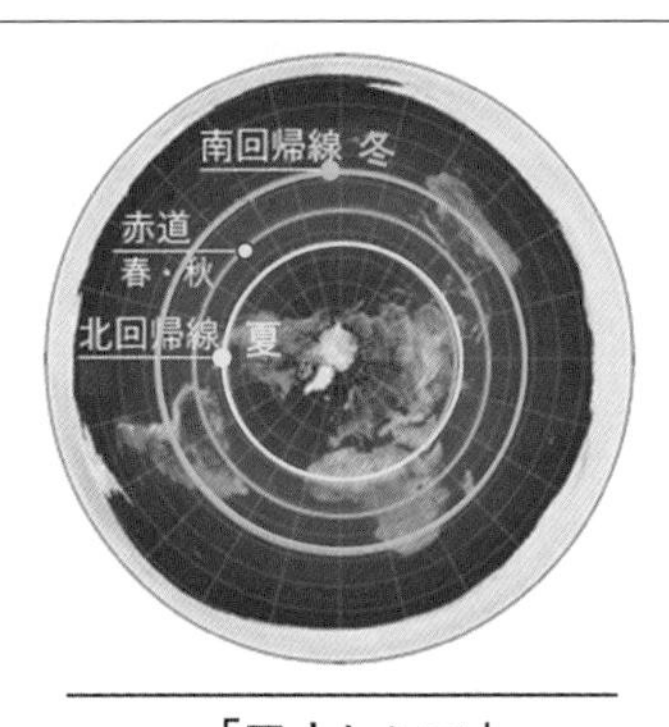

「アナレンマ」
同一場所で同一時刻に撮影した1年間の太陽の軌跡は8の字。
夏はゆっくり、冬は速く周回。

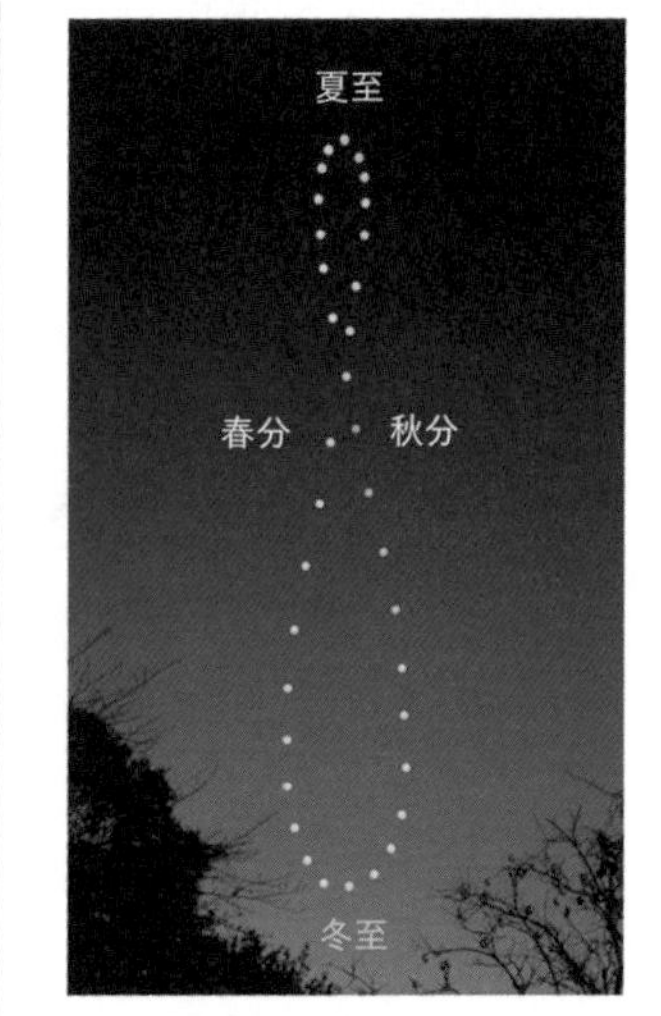

6－7

ここでは、過去の「天動説」における惑星の並びを前提とした2案とオリジナル案の、合計3タイプの仮説を取り上げてみます。

天体配列の参考案

「天動説」の代表例として「プトレマイオス案」（87ページ）と「ティコ・ブラーエ案」（102ページ）をもとに、大地がフラットであるならば惑星はどのような配置になるのかを考えてみます。

プトレマイオス案◎［静止大地中心　天動モデル］

全ての惑星と太陽は、地球を中心に公転しています（6－8）。水星と金星は、太陽の手前を周回している内惑星です。他の惑星は、太陽の手前を通過することができません。各惑星は、「従円」上の小さな「周転円」に沿って回転しているため、地上からは「逆行」の動きに見える時があります。

ティコ・ブラーエ案◎［静止地球中心　太陽系公転　修正天動モデル］

地球を中心に太陽が公転しています。内惑星の水星と金星は、太陽の周囲を周回し太陽の手前を通過します（6－9）。他の惑星は、太陽を中心に公転しています。

評価尺度として、一般的に利用されている天体ソフト（ステラナビゲーター）を使って惑星の軌跡の整合性を確認してみます[※4]。

各惑星は、太陽の軌道（黄道）に非常に近い狭い範囲で周回しており、ほぼ同一平面に近い軌跡を描いています。

水星と金星は、太陽の周囲を周回しており太陽の向こう側に消えたり、手前を通過したりします。

※4

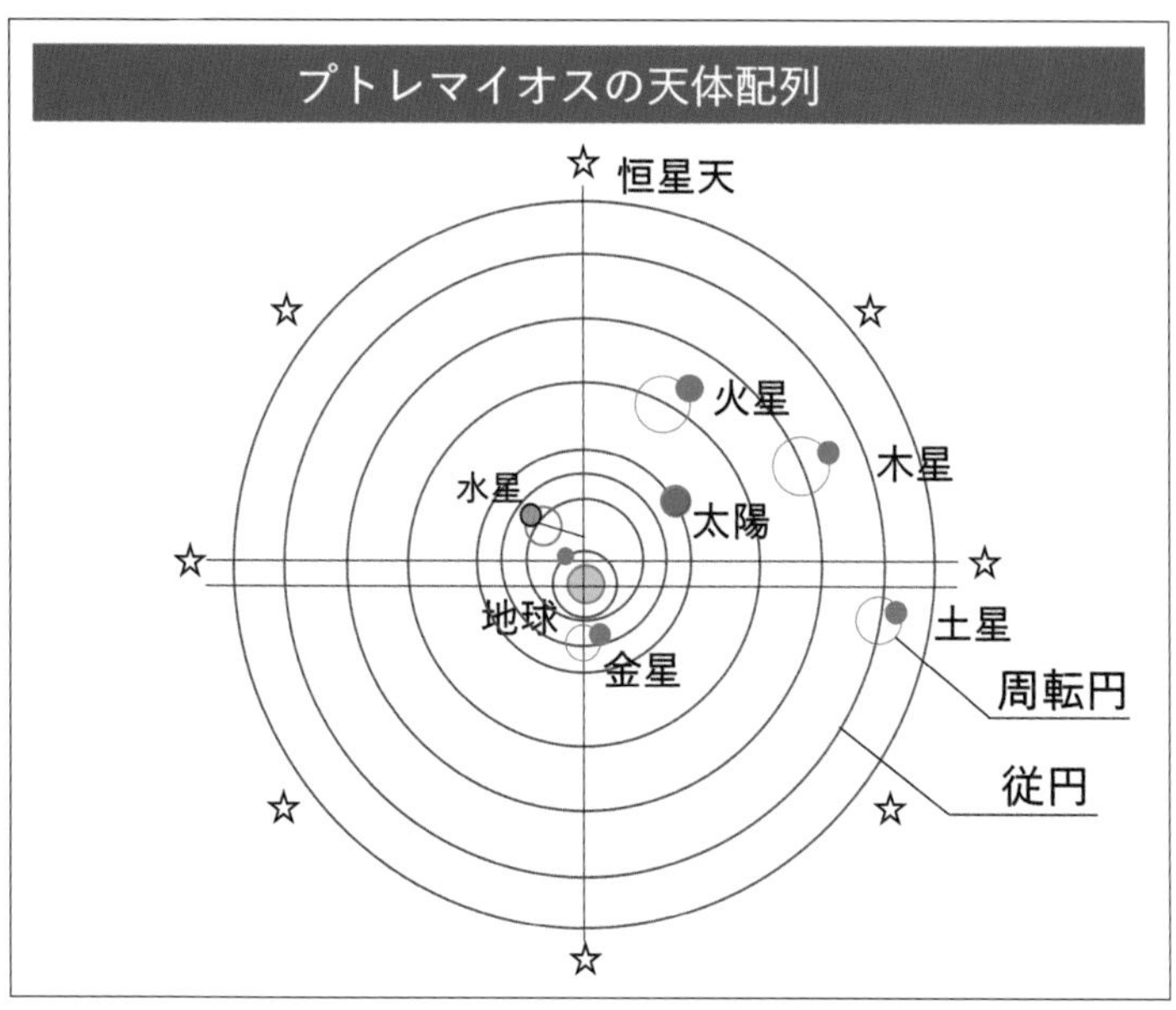
プトレマイオスの天体配列
恒星天
火星
木星
水星
太陽
地球
土星
金星
周転円
従円

6－8

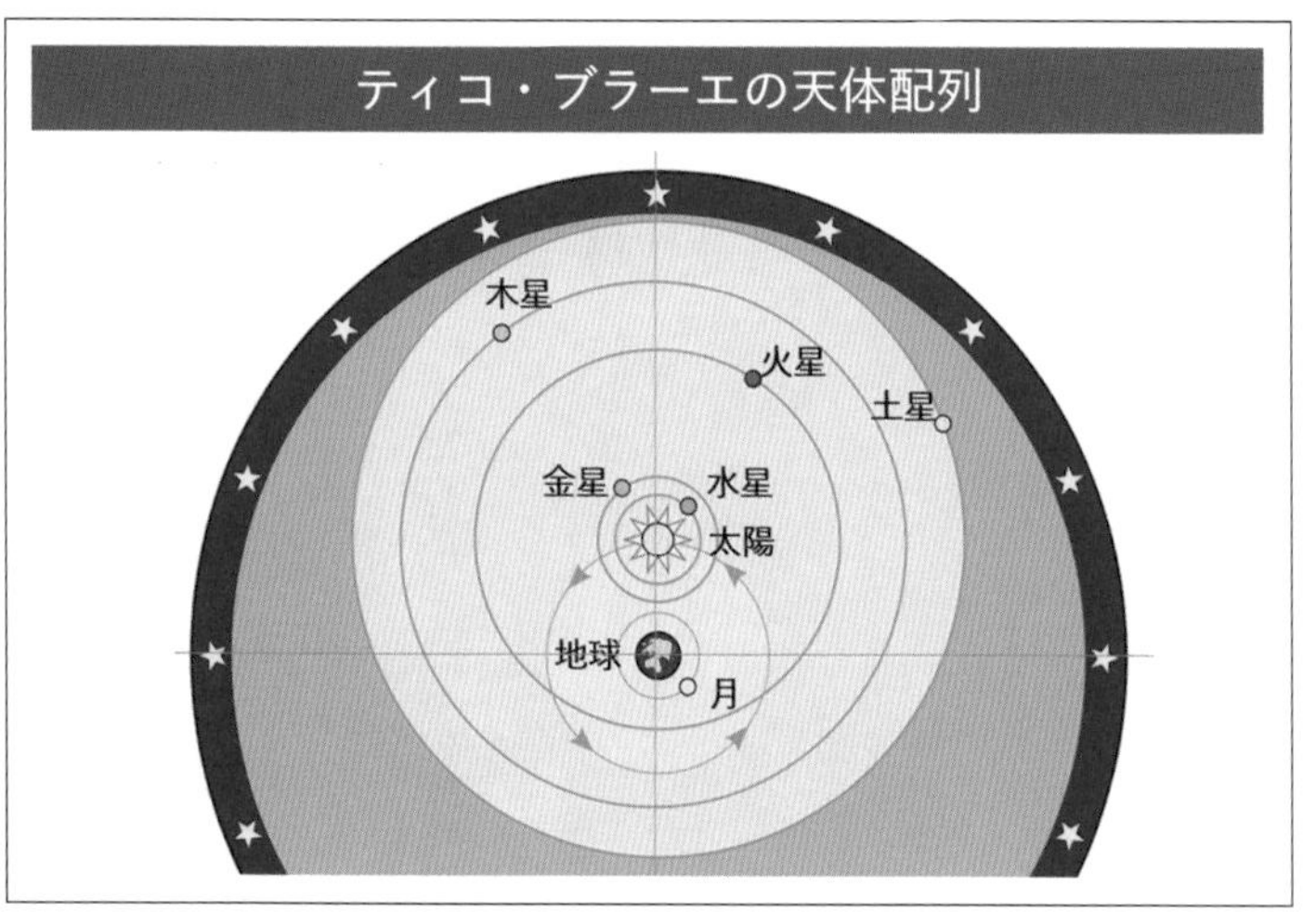
ティコ・ブラーエの天体配列
木星
火星
土星
金星
水星
太陽
地球
月

6－9

◇プトレマイオスの天体配列　フラットアース案

平らな地球を中心に太陽系は、恒星とともに1日に1回転します。

内惑星の水星と金星は、太陽の前を通過します。

外惑星は、大地から見て太陽の前を通過することはありません。そのために、火星から外側の惑星は、太陽の外側を周回しています。

平らな地球の外側が広く、ドームは、大地の直径の数倍の規模になります。

各惑星は、「従円」上の小さな「周転円」に沿って回転しているため、地上からは「逆行」の動きに見える時があります。

［課題］

太陽と惑星が水平に並ぶこの配置（6－10）を地上から観察すると、その軌跡は水平線に近い位置を周回して見えることでしょう。

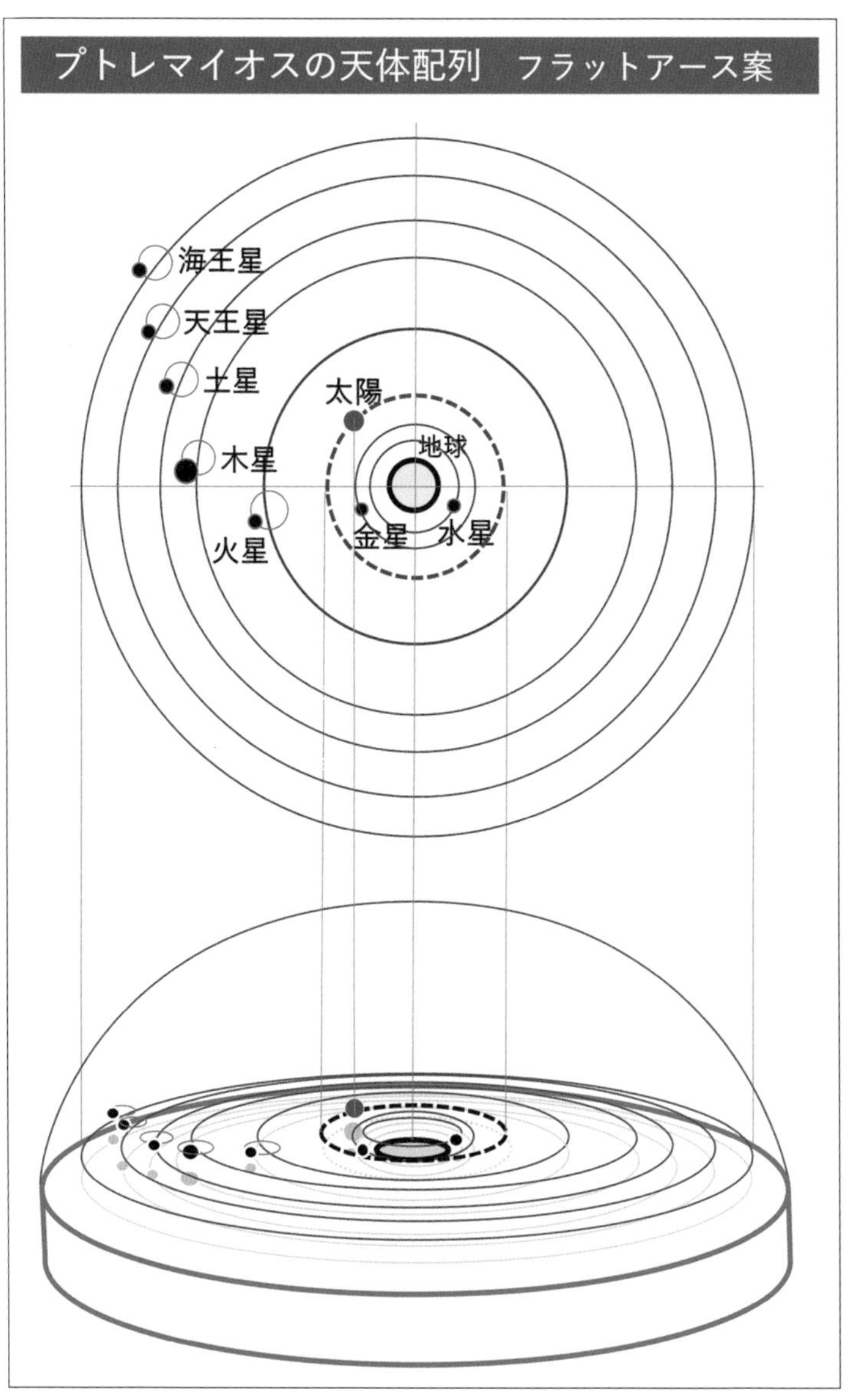

6－10

◇ティコ・ブラーエの天体配列　フラットアース案

地球を中心に太陽が1日に1回周回します。その太陽の周囲を、水星と金星が公転しています。

火星以遠の外惑星は、大地から見て太陽の手前を通過しない位置を、太陽を中心に公転しています。

各惑星は、「従円」上の小さな「周転円」に沿って転回しているため、地上からは「逆行」の動きに見える時があります。

［課題］

この配置（6－11）の惑星が地球の上空を周回すると、その軌跡は太陽よりも水平線にちらばって見えることでしょう。現在、私たちが見ているような、太陽の軌跡とほぼ同等の狭い範囲に集まって見えることはありません。前案同様に、太陽の黄道よりも広い範囲に広がって見えてしまうため、もっと黄道に近い軌道を描く惑星の配置を考える必要があります。

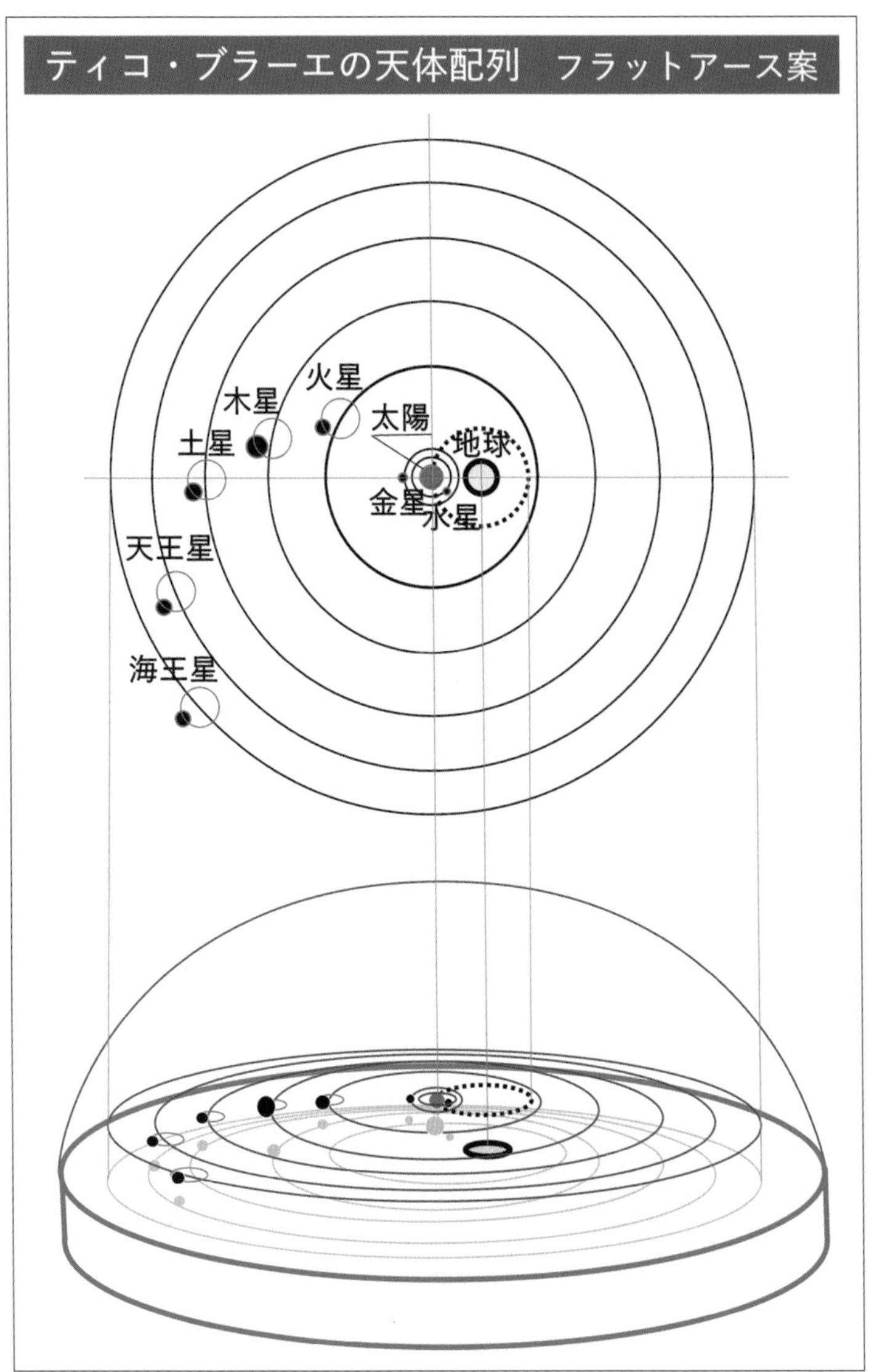

6－11

◇オリジナル案の縦並び天体配列　フラットアース案

1年間の惑星の軌道を確認すると、太陽の通り道（黄道）に沿って周回していることが分かります（6－12）。ほぼ一直線に惑星が並んだ案を考えてみます（6－13・A案）。

惑星は、黄道（太陽の軌道）近くを周回している

東京（北緯35度、東経139度）から南方向を見た場合
一年を通して、惑星は黄道に沿って周回している
（春夏秋冬に惑星が最も多く通過する時間帯を抽出）

春分-2024/03/20-12:00

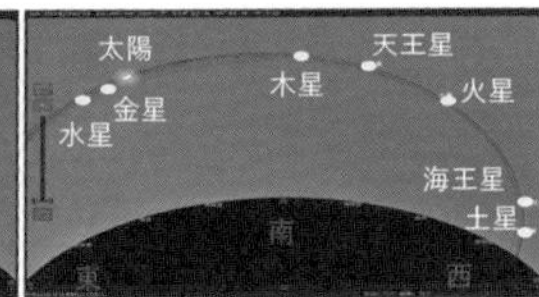

夏至-2024/06/22-10:00

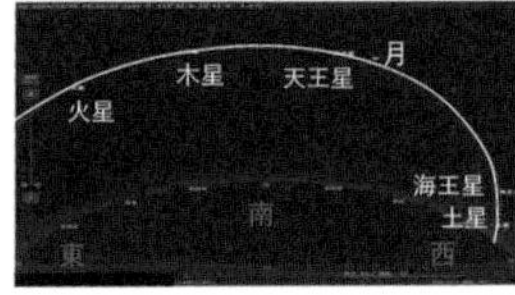

秋分-2024/09/22-04:00

冬至-2024/12/21-14:00

画像：ステラナビゲーター

6－12

A案：垂直配列の太陽系惑星　フラットアース案

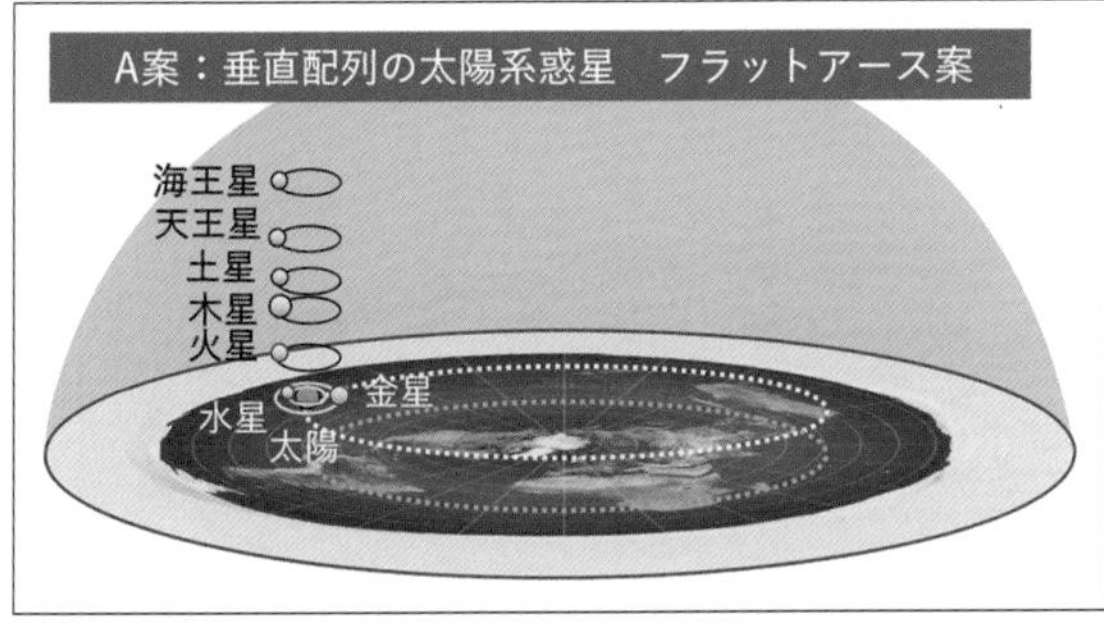

6－13

次に、1日単位での軌道の傾きを調べてみます（6－14）。東京の朝7時には垂直に近かった軌道が徐々に傾き、夜中0時には大きく傾いた状態に変化しました。そして翌日の朝7時には、またほぼ元の垂直に近い位置に戻っています。

回転軸は、24時間単位で大きく傾いていることが分かります。

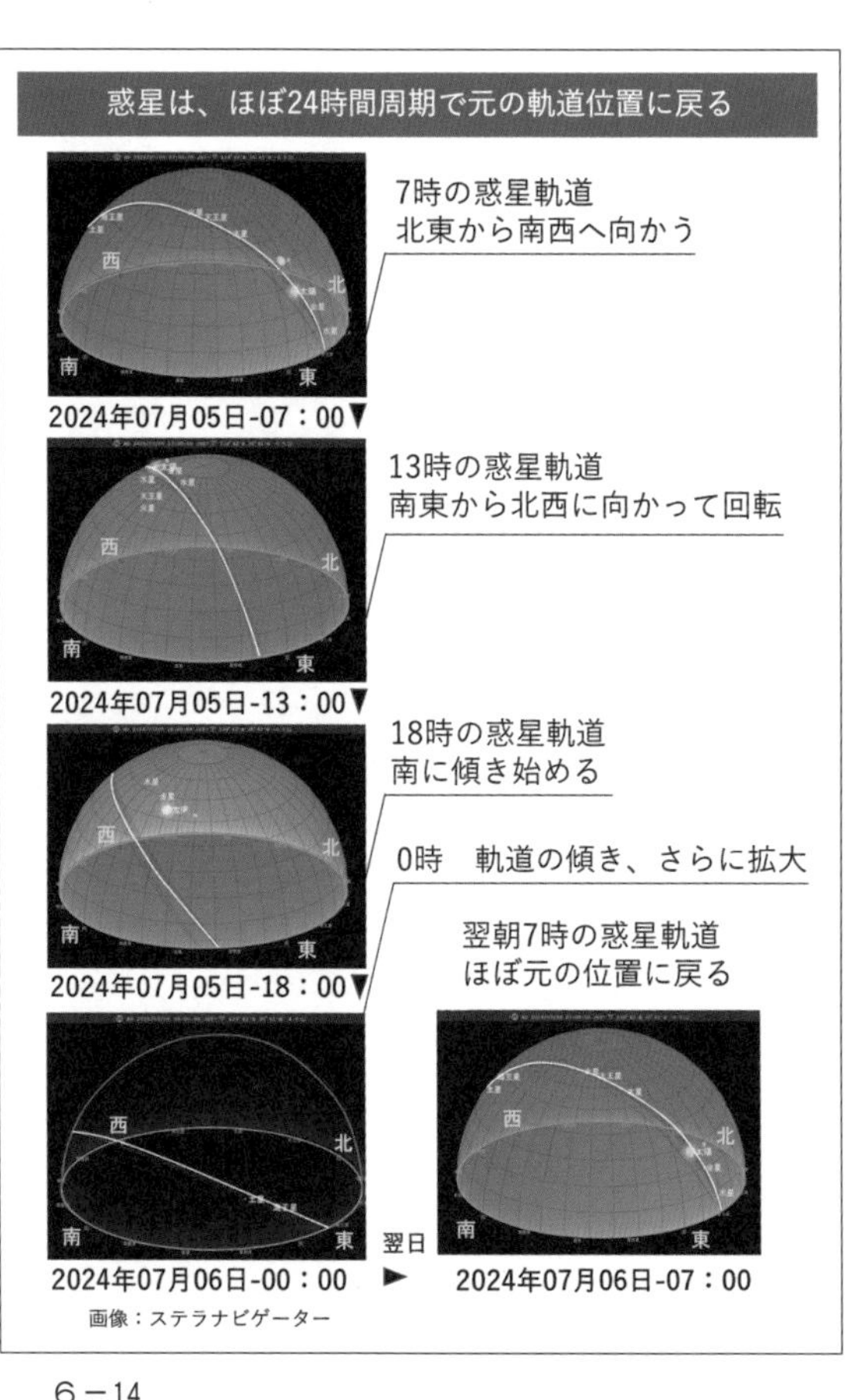

6－14

以上の情報を参考に惑星の並びを検討してみます。

フラットな地面に対して惑星が水平に並んでいる場合には、遠い惑星ほど南に下がって見えることでしょう。つまり惑星を見上げた時に、黄道に非常に近い軌道を周回している惑星は、水平面に対して、斜めに並んでいるようです。

次の図（6－15）は、北緯35度の東京に自分が南を向いて空を見上げている状況で、10時と22時の惑星軌道の角度差を表しています。

夏至の日は、太陽が1年で最も高い位置に来る日です。太陽の黄道に沿って、他の惑星も昼間に高い位置を周回します。その12時間後には、惑星軌道の角度は、最も低い位置に移動しています。

このことから、惑星の軌道面の角度は水平ではなく、最も高い位置と最も低い位置の角度差分の傾きがあるようです。

以上の条件をもとに、斜めの黄道面に並ぶ惑星の像が見えてきました（6－16・B案）。

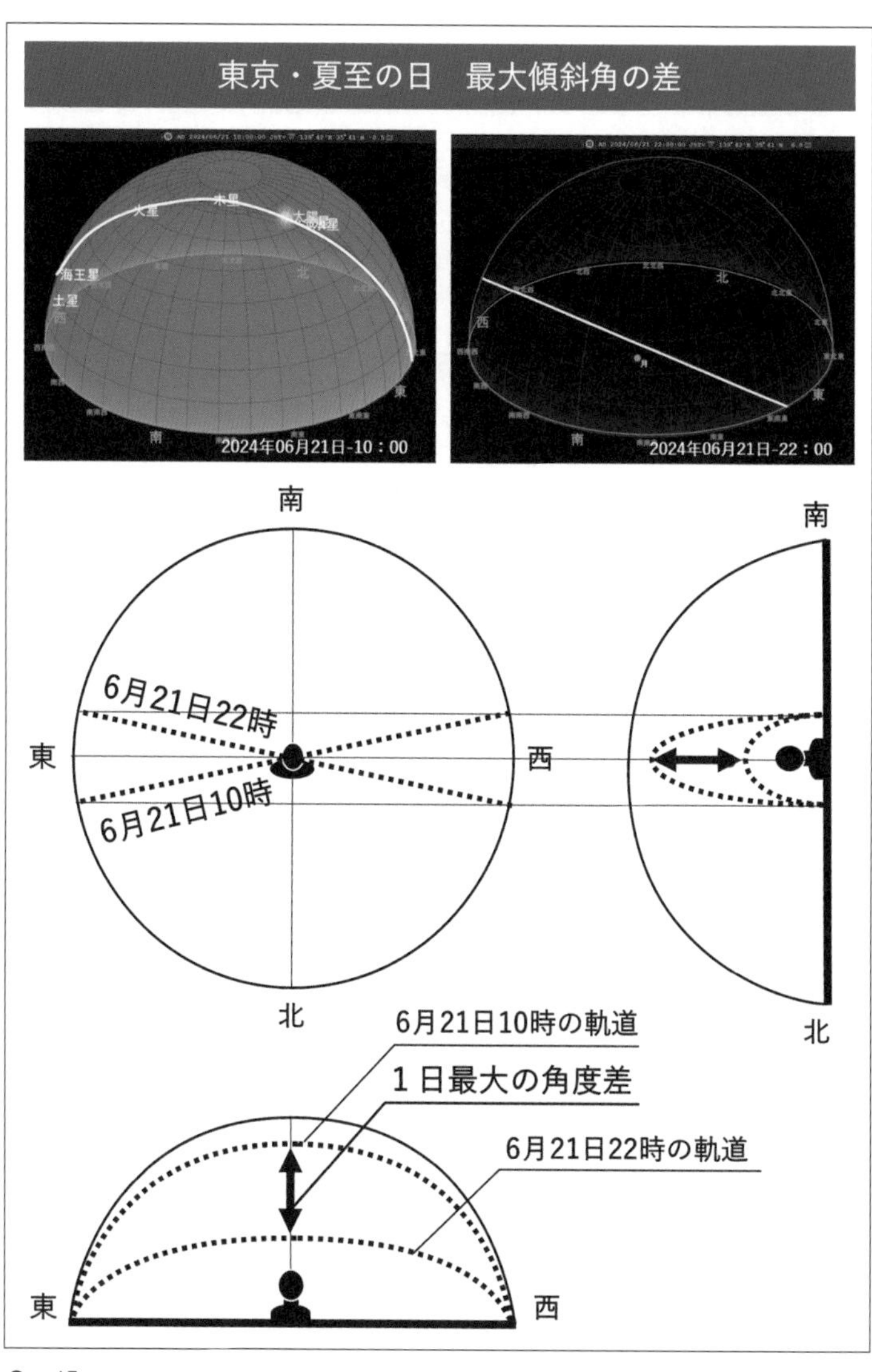
東京・夏至の日　最大傾斜角の差
2024年06月21日-10：00
2024年06月21日-22：00
南
東
西
北
6月21日22時
6月21日10時
6月21日10時の軌道
１日最大の角度差
6月21日22時の軌道

６－15

B案：斜め並びの太陽系惑星　フラットアース案

太陽に近い「内惑星」の「水星」と「金星」は、太陽の前を横切る
「外惑星」は地球の外側を周回するため、太陽の前を横切らない

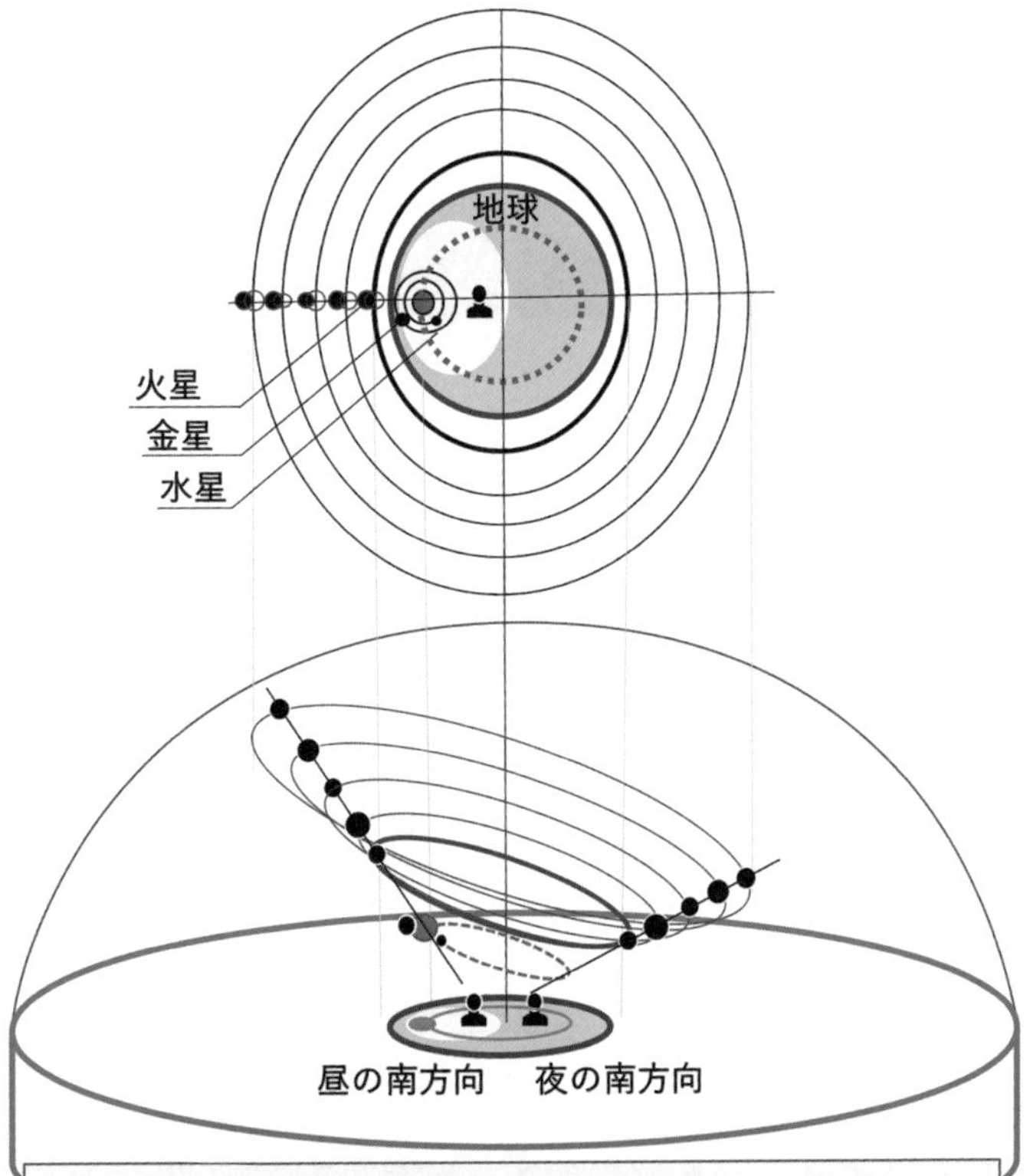

- 1日に1周する太陽系の惑星は、回転面が傾いているため
  昼と夜で大きな角度差が生じている
- 恒星を含めた天体全体は、位置関係を保ち1日に1周している
- 各惑星や太陽は各公転周期で位置関係が少しずつズレていく

6－16

次に、彗星の大きな動きを調べてみます。

ハレー彗星のような「短周期彗星」は、太陽系と同様の軌道面を周回し、ZTF彗星のような「長周期彗星」は、太陽系とは周回面の角度が違うのです（6－17）。

これら彗星に配慮したフラットアースの全体像がこちらの図になります（6－18、6－19・C案）。

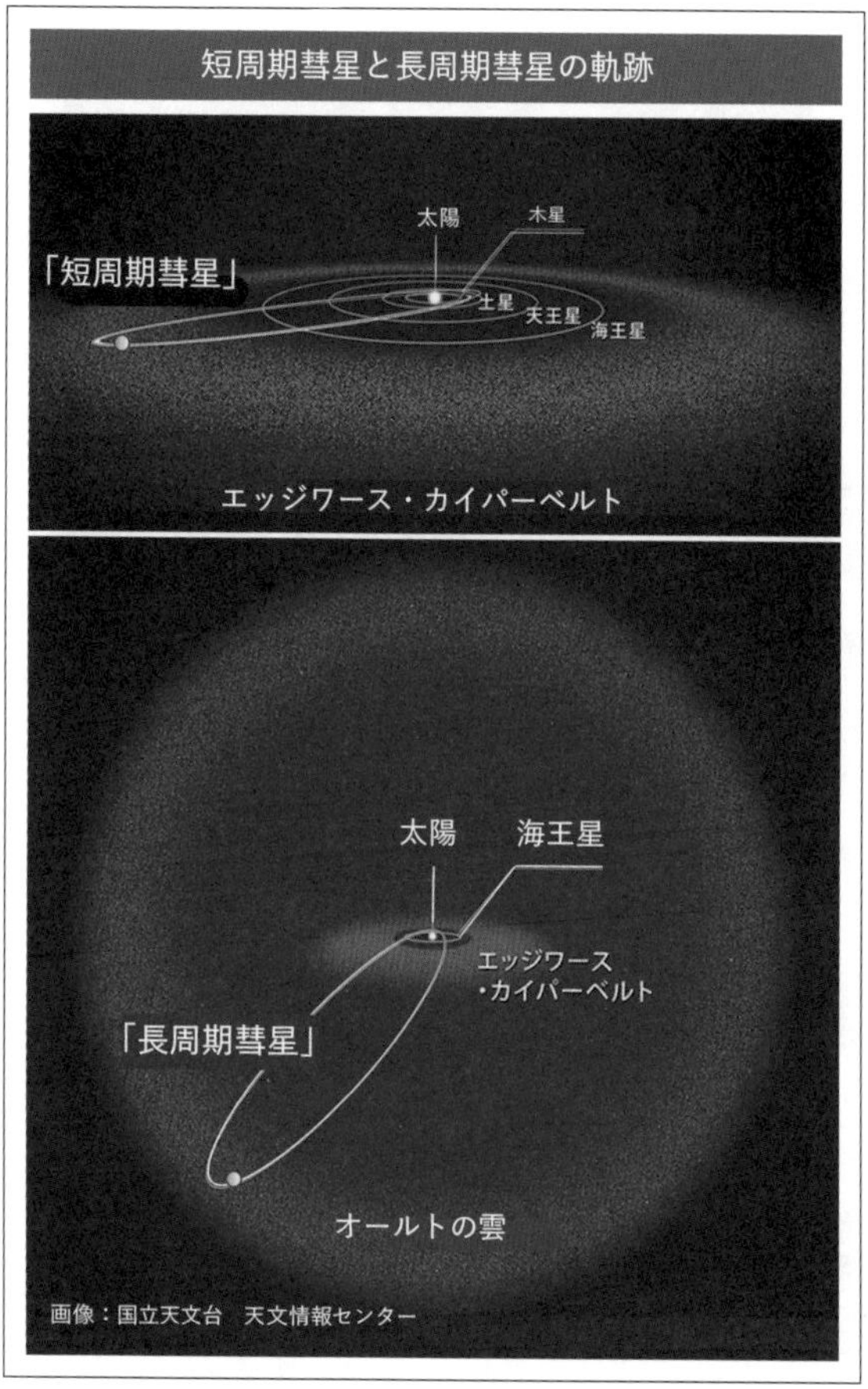

短周期彗星と長周期彗星の軌跡

太陽
木星
「短周期彗星」
土星
天王星
海王星
エッジワース・カイパーベルト

太陽
海王星
エッジワース
・カイパーベルト
「長周期彗星」
オールトの雲

画像：国立天文台　天文情報センター

6－17

6－18

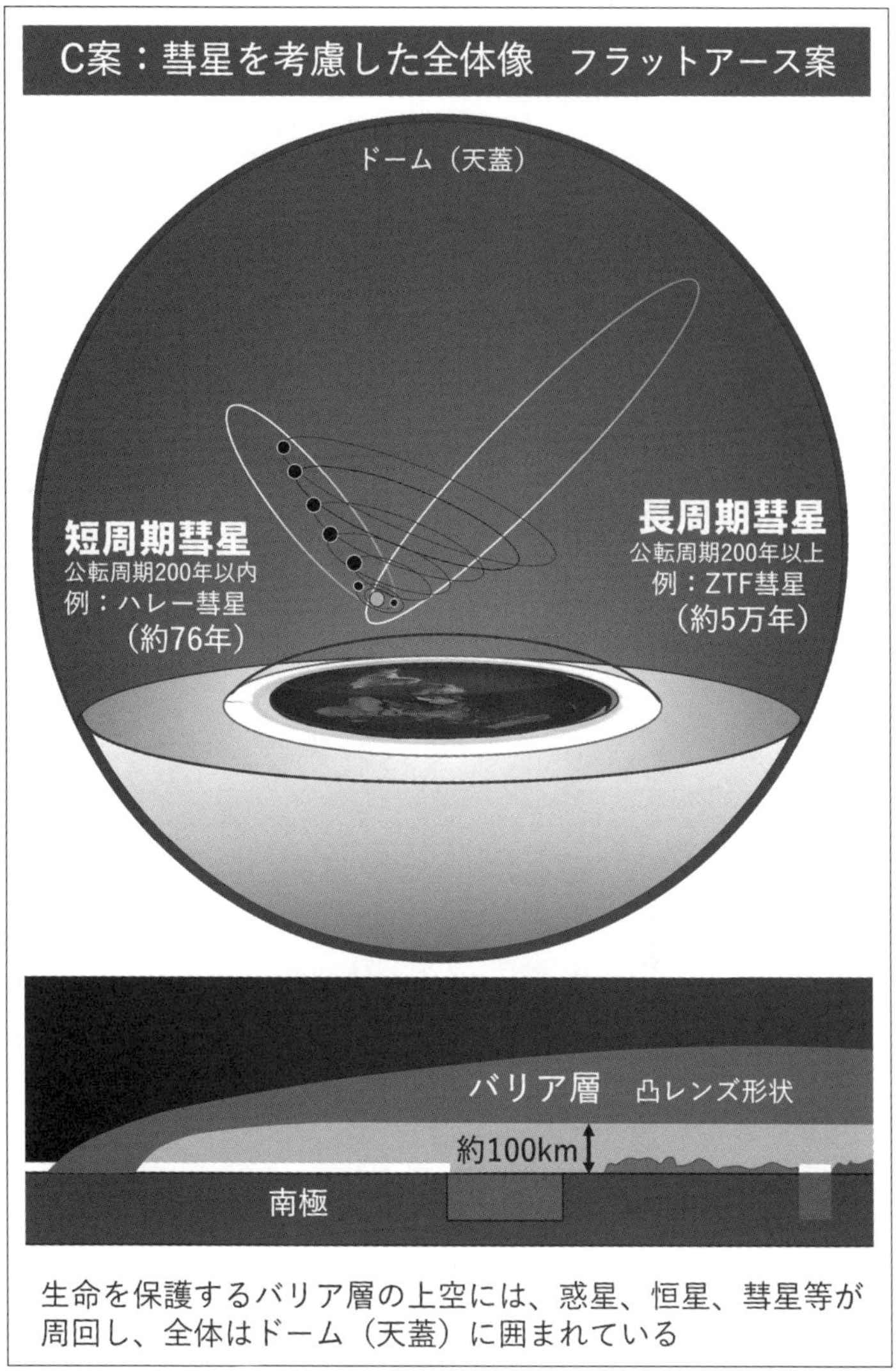

生命を保護するバリア層の上空には、惑星、恒星、彗星等が周回し、全体はドーム（天蓋）に囲まれている

6－19

惑星の並びに注目して検討を進めた結果、3案のフラットアース像が生まれました。

A案：垂直配列の太陽系惑星

B案：斜め並びの太陽系惑星

C案：彗星を配慮した地球の全体像

フラットな「大地」を想定して検討を進めてきました。その結果、フラットな「大地」は全体の一部であり、その全体を堅牢な球形の外殻に守られている生命循環システムの姿が浮かび上がってきたのです。

海外では「地球」のことを、「Earth（英語）」や「Tierra（スペイン語）」など、「土や土地」を意味する単語で表現しています。しかし、漢字圏では「球」が加えられています。その歴史を確認すると、17世紀初め、イエズス会のマテオ・リッチが、中国で世界地図を刊行した際に「地球」と中国語訳し、その後日本へは、江戸時代に伝わって定着したとされています。

私たちの住む地球の形は、太古よりさまざまに考えられてきました。そして現在、私は、恒星の動きも考慮した「フラットアース」の全体像について、さらに探究を続けています。

フラットな社会へ

真実を求める姿勢を持ちたい

「地球は球体である」

そう学校で教わったのだから、これが真実なのだと信じ切って過ごしてきました。映画は、特にＳＦが好きで、広大な宇宙が舞台の物語を楽しんできました。「地球は平面だ」と海外で言っている人たちがいると、数年前になんとなく聞いて、「何変なことを言っているのだろう」とスルーしていました。

しかし、２０２０年アメリカ大統領選挙の話題から、２０２１年ワクチン接種問題がピークの頃にかけて、おかしな世の中になったものだと強く思いはじめていました。

そこで再び目に飛び込んできたのが、「フラットアース」の世界でした。「地球は丸い」と小さい頃から教え込まれているだけで、実証されていないというのです。確かに、「地球の曲率」によって見えなくなるはずの遠くの物が見えるのは、何かが間違っていると思うようになりま

意図的な大流行だった！？

東京スポーツ

1720年 ペスト

1820年 コレラ

1920年 スペイン風邪

2020年 新型コロナ

偶然と思えぬシンクロ現象

パンデミック100年周期説

武漢の海鮮市場とは無関係な者が第1号感染者との情報も

6－20

した。

世界中の多くの人々は、日々の暮らしを維持するために働き続けて、なんとか生きています。しかし、莫大な富を持つ一部の者たちは、さらに自分たちが豊かになるために、全てを支配し管理しようと画策しているようです。金融、政治、企業、経済、教育、医療、そしてマスコミ、さらに法曹界までをも手下にしてきたのです。[※5]「球体の地球」は、支配者が大衆を管理するためについている史上最大の嘘であるのかもしれません。

それに対する反論は、「陰謀論」の一言で片付けられてきました。しかし、自ら情報を求める者にしか見えてこない世

※5

界が広がっています。特にコロナパンデミック騒動以降、ＳＮＳの普及もあり、世の中の数多くの嘘や不正が暴かれはじめ、真実が表に現れてくるようになりました（６－20）。

本書は当初、物理的な現象のみの記述にとどめたいと思って書きはじめました。しかし、人間本来の幸せを願う心に反し、人々の恐怖心につけ込む大きな力が働いているように感じて、世界の支配構造や支配層と呼ばれる者たちについて調べることを避けることができなくなりました。

古代文明の世界において、「地球は平面」であり、宇宙の中心だと考えられていました。しかし、太陽崇拝者のコペルニクスが「天動説」を「地動説」に置き換え、その後フリーメイソンやイエズス会の力が働き、大航海時代の波に乗って大きなうねりが生じ、「太陽中心の地動説」が世界中に広まり、定着し、今や世界の常識となりました。純粋な科学である「天文学」は、世界支配の企みという意思によって、歪んだ状態で広められてきたのかもしれないのです。

現在、私たちを取り巻く環境は、常識がひっくり返るような時代を迎えています。政治的にも経済的にも大きな力が、一つの方向に向かうように働いています。何が正しいのか、しっかりと自分で多方面の情報を収集し、自ら判断することの繰り返しの中から、本質的な事実が見えてくるのだと、ここ数年、実感しています。

「フラットアース」が真実かどうか、アマチュア個人で解明できるものではないでしょう。多くの人がこうかもしれないとアイデアを出し合うことによって、本来の「歪みのない天文学」に近づくのかもしれません。

「仮説」に対して、批判はすぐに思いつくことでしょう。しかし、自らも「仮説」を立ててみて、お互いに自分が考えたアイデアを出し合うところから、新しく創造的な世界が生まれるのではないでしょうか。

一例として、「惑星間に働く引力」という、存在が曖昧な「重力理論」に代わる仮説の基本原理を、私は次のように考えます。

基本原理は今後、ニュートンによって定着した「重力」と「原子・分子」の働きから、「**電子**（電流・磁界・電磁波による電解共鳴）」と、「**原子**（エネルギー）」に移行し、「量子力学」の影響を大きく受けようとしています。

これからは、課題に対して、さまざまな視点から解決策を出し合うような、各自が「思考力」を発揮できる時代になることを、私は願います。

フラットな世界を目指して

宇宙の中の、銀河の中の、太陽系の小さな「塵」ほどの存在でしかない「地球」を受け入れてきた人々が、真実に目覚めはじめました。

私たちは、今まで「丸い地球」像をはじめとする、あらゆる社会の仕組みの嘘にだまされ続けてきたようです。

日本の国も企業もお金第一主義で突っ走り、国民はグローバル企業による大量の均一化された商品に取り囲まれ、小さな田舎町に行っても駅前風景が同じ街並みに画一化された世界に暮らしてきました。

明治維新以来150年以上が経過し、やっと自分たちにとって最も大切なものが尊重される社会を作ることができる時代が訪れてきているように思います。

これから目指すのは、お互いの尊い存在価値を認め合う社会であり、偉い者や強い政治権力者がいない「フラットな社会」です。

年齢や性別に関係なくお互いが対等な立場で暮らせる社会。地域の特徴を生かし、自分らしく生きられる社会を目指したい。人の直感に沿った「フラットアース」が復活し、その真実に目覚めることによって、今までの嘘による支配社会を打破し、今後永く続く幸せな新世紀がはじまるのではないでしょうか。

復活フラットアース！

地上における全生命の幸せを実現するために、人類はその管理者として委託されたのかもしれません。私たちの手が届く範囲に生きるものたちと共生し、生命の循環が求められているようです。

いつの頃からか、宇宙は何億光年や何十億光年と拡大を続け、星座の数も宇宙の広さも手が届かないほどの天文学的数字で語られるようになっていきました。

実感できる太陽や月までの距離は、雲のすぐ近くにあるような身近な存在です。惑星は頭上を定期的に行き来して明るく輝く存在です。恒星はキラキラと空気に揺らめくようにさりげなく優しく瞬いています。

「天動説」は間違いで「地動説」が正解だと教えられ、特にそれを実感することもなく、それが常識なのだと、子供の頃から刷り込まれてきました。しかし、ここで一旦立ち止まり、多くの嘘に染まっている社会のさまざまな事象に目を向ける時期なのではないでしょうか。

自分の繊細な感覚センサーを信頼し尊重することによって、**復活フラットアース**がしっくりくることにもなるのではないでしょうか。

太陽と月の軌道検討手作りモデル

あとがき

「あれっ」と疑問に思って真実を探る姿勢をつぶされることなく、思い描いた夢を抱き続けられる社会でありたいものです。本書に取り上げた内容は、私が調べた範囲の情報であり、これをヒントに疑問に思ったことを、自分自身でさらに深掘りしていただけたらと思います。これからは、今まで以上に食や健康に気を配る長寿社会に向かっていきます。私自身クリエイティブな人間であり続けたいと願い、人々の役に立つ新プロジェクトで貢献したいと考えています。

本書誕生のきっかけは、フェイスブックの「フラットアースジャパン」主宰者レックス・スミスさんに相談したことでした。2022年7月に『フラットアース仮説集』の下書きを提示したところ、「仮説の説得力を高めるために、平面説から球体説（天動説から地動説）に至った天文学の歴史がどのように変遷したのかを先に詰めておこう」と提案され、本書の執筆を開始しました。

世界の仕組みが大きく揺れ動く中、最善のタイミングで出版することを願ってきました。真実を照らす太陽エネルギーが、ここに焦点を結び、不思議と思えるような出会いが重なり、本書ができ上がりました。ヒカルランドの石井社長、編集の担当さんをはじめ、ご協力いただいた方々に感謝申し上げます。

参考文献と参照サイト

第1章

『99・9%は仮説』竹内薫（光文社新書）

『地球・宇宙図鑑』Z会指導部編（Z会）

『地球は本当に丸いのか？』武田康男（草思社）

※1「The helical model — our solar system is a vortex（らせんモデル－太陽系は渦巻き）」DjSadhu Channel：https://youtu.be/0jHsq36_NTU

※2「地上から見渡せる距離」ke!san：https://keisan.casio.jp/exec/system/1179464017

※3「地球曲線計算機」Earth Curve Calculator：https://dizzib.github.io/earth/curve-calc/?d0=223.75&h0=1.5&unit=metric

※4「フラットアースV日食はどうやって起こるか日本語字幕付」Mari Love USA：https://rumble.com/v23rsie-127267862.html?mref=6zof&mrefc=4

※5「『地球は球体である』という説を否定する『地球平面論者』は『日食』をこのように解釈している」Gigazine：https://gigazine.net/news/20170814-what-flat-earth-truther-think

第2章

『科学の発見』スティーヴン・ワインバーグ（文藝春秋）
『天の科学史』中山茂（講談社学術文庫）
『背信の科学者たち』ウイリアム・ブロード／ニコラス・ウェイド（講談社）
『ケプラー疑惑』ジョシュア・ギルダー／アン・リー・ギルダー（地人書館）
『人間ドラマとしての科学革命』柾葉進（暗黒通信団）
『天体の回転について』コペルニクス（岩波文庫）
『星界の報告』ガリレオ・ガリレイ（岩波文庫）
『科学の罠』アレクサンダー・コーン（工作舎）
『ヨハネス・ケプラー』オーウェン・ギンガリッチ編集代表（大月書店）
『ガリレオの求職活動　ニュートンの家計簿』佐藤満彦（講談社学術文庫）
『相対論はやはり間違っていた』森野正春 他　常識から相対性理論を考える会（徳間書店）
『アインシュタインの相対性理論は間違っていた』窪田登司（徳間書店）
『ビッグバン理論は間違っていた』コンノケンイチ（徳間書店）
『ホーキング宇宙論の大ウソ』コンノケンイチ（徳間書店）
『世界をだました5人の学者』船瀬俊介（ヒカルランド）
『どんでん返しの科学史』小山慶太（中公新書）
『科学の社会史』古川安（ちくま学芸文庫）

『面白くて眠れなくなる天文学』縣秀彦（ＰＨＰ研究所）
『歴史で学ぶ物理学入門』足利裕人（ふくろう出版）
「地動説はなぜ迫害されたのか」永井俊哉ドットコム：https://www.nagaitoshiya.com/ja/2003/galileo-heresy-persecution/
『歴史における科学Ⅰ 文明の起源から中世まで』バナール（みすず書房）
『天文の世界史』廣瀬匠（インターナショナル新書）
『詳説 世界史図録』（山川出版社）
『図解 眠れなくなるほど面白い 宇宙の話』渡辺潤一（日本文芸社）

第３章

『思想戦と国際秘密結社』北条清一（晴南社）
※1「コペルニクスはなぜ地動説を唱えたのか」永井俊哉ドットコム：https://www.nagaitoshiya.com/ja/2012/copernican-revolution/
『世界の天使と悪魔』藤巻一保 監修（ナツメ社）
『科学史からキリスト教をみる』村上陽一郎（創文社）
※2「ガリレオＸ １００回記念 なぜ偉大？ ガリレオ・ガリレイ」ガリレオＣｈ：https://youtu.be/D9JyziZNs4Q?t=618
※3「バフォメット」ニコニコ大百科（仮）：https://dic.nicovideo.jp/a/%E3%83%90%E3%83%95%E3%82%

A9%E3%83%A1%E3%83%83%E3%83%88

第4章

『日本人の起源』田中英道（ダイレクト出版）
『イエズス会』フィリップ・レクリヴァン（創元社）
『スペイン古文書を通じて見たる日本とフィリピン』奈良静馬（経営科学出版）
『秘密結社の世界史』海野弘（朝日新聞出版）
『フリーメイソン 秘密結社の社会学』橋爪大三郎（小学館新書）
『フリーメイソンリー その思想、人物、歴史』湯浅慎一（中公新書）
『七人の日本人、ユダヤ人との攻防』林千勝（ダイレクト出版）
『ヨーロッパ中世の宇宙観』阿部謹也（講談社学術文庫）
『ユダヤ禍の世界』筈見一郎（ダイレクト出版）
『思想戦と国際秘密結社』北条清 編著（経営科学出版）
『国際情報アナライズ 2022年6月号』河添恵子（ダイレクト・アカデミー）
『ルシファー』J・B・ラッセル（教文館）
『[新版] カナンの呪い』ユースタス・マリンズ（成甲書房）
『99・9%隠された歴史』レックス・スミス（ヒカルランド）
『NASAアポロ計画の巨大真相』コンノケンイチ（徳間書店）

※1　「The Rockefeller Foundation Grant（ロックフェラー財団の助成金）」Palomar Observatory：https://youtu.be/qzeBnUy2PXM

※2　「１０２歳の女性は学校で地球が平らだと教わっていた。歴史上のあらゆる人物は虚偽だった!?」TOYO CHANNEL：https://www.youtube.com/watch?v=Zak85ZVps9Q&t=83s

※3　「フリーメイソンに関するＣＮＮのニュース」JS B：https://youtu.be/kgyva6F8e_Y

※4　「President Nixon speaking with astronauts Armstrong and Aldrin on the Moon（月面のアームストロング、オルドリン両宇宙飛行士と話すニクソン大統領）」Richard Nixon Presidential Library：https://youtu.be/1Ai_HCBDQIQ?t=123

※5　「【ＩＳＳ内で大活躍するＡＲコンタクトレンズ】」蘭 channel：https://youtu.be/OUTYntKPyxU

※6　「【フラットアース20】フェイク映像を分析！　ＮＡＳＡの狙いはＸＸだった!?」クルーニーの分析：https://youtu.be/1Wss2z2QJIQ?t=389

※7　「【ＮＡＳＡのＮＢＬはスタジオ】無重量訓練は無意味」蘭 channel：https://youtu.be/C1ZZZxbx1Y?t=122

※8　「宇宙詐欺：ＮＡＳＡの珍プレー集」Eden Media：https://youtu.be/jotqXlrbOSU?t=225/

※9　「NASAの欺瞞：チャレンジャー号爆発事故」Eden Media：https://youtu.be/HdsQ9mxzGtE?si=86EuG8KSjgEmdKaG

第5章

『早わかり！ 太陽系ガイド』月光天文台 監修（公益財団法人 国際文化交友会）
『新版 宇宙 小学館の図鑑ＮＥＯ』（小学館）
『赤い満月の秘密』えびなみつる（旬報社）
『天文学者のノート』古在由秀（文藝春秋）
『数式を使わない物理学入門』猪木正文（角川ソフィア文庫）
『地球・宇宙図鑑』Ｚ会指導部編（Ｚ会）
『大人が知っておきたい 物理の常識』左巻健男／浮田裕 編著：（サイエンス・アイ新書）
『宇宙を動かす力は何か』松浦壮（新潮新書）
『宇宙を撮りたい、風船で。』岩谷圭介（キノブック）
※1 「地球平面説―第8回地球の天井（上）―フラットアース」AVANT-GARDE RESEARCH REPORT：https://youtu.be/3SDgYa7AMlI?t=388（バート少将の南極調査）
※2 HIDEJAPAN9@zfQEM0UIjBJ7tQJ：https://twitter.com/zfQEM0UIjBJ7tQJ/status/1615294147619061?s=20&t=1R5BQ9_3p81k729YUFIFYg（南極に広い土地と温かい3℃の海水）
※3 「ドームの高さが、アメリカ大百科事典に記載されていた」QupyPrin：https://rumble.com/v26vtpe-132494882.html
※4 「Why Planes Fly Over The North Pole But Not The South Pole（なぜ飛行機は北極の上空を飛ぶが、南極の上空は飛ばないのか?-）」Half as Interesting：https://youtu.be/SCQhIWsQJsI?t=28

※5　「地球平面説—第8回地球の天井（上）—フラットアース」AVANT-GARDE RESEARCH REPORT：https://youtu.be/3SDgYa7AMII?t=1399（アマチュアロケット打ち上げ）

※6　「38：空の壁に当たるミサイルとロケット。高電圧フラットアースドームと揺れるプラズマ。」ユジンの放送：https://youtu.be/E0bIt5h6ITA?t=66（民間ロケットが空の壁に衝突）

※7　「38：空の壁に当たるミサイルとロケット。高電圧フラットアースドームと揺れるプラズマ。」：https://youtu.be/E0bIt5h6ITA?t=184（ミサイルが空の壁に衝突）

※8　「NASAの気象兵器」QupyPrin：https://rumble.com/v28lxty-nasa.html（BBCニュース映像）

※9　「【フラットアース16】航空機とフラットアースの接点とは!?　危険な飛行機の謎に迫る」クルーニーの分析：https://youtu.be/NoKO5NmW5sU?t=339（飛行高度の測定）

※10　「心の準備必須！　衝撃映像の連続に腰を抜かすなよ!!　太陽はどこにあると思う？【続編】」PINECRAFT：https://youtu.be/EdSJAdz28Gw?t=357（スペースXの夜間飛行）

※11　「世界的な航空便の欠航で天気予報の精度低下も　世界気象機関」NHKサイト：https://www3.nhk.or.jp/news/html/20200407/k10012371741000.html

※12　「気象衛星は存在しない!?【フラットアース】」子ライオンのネットNEWS：https://youtu.be/N2QCpDGc_0s?t=92

※13　「LEVEL (Flat Earth Film) 2021」Eric Dubay：https://youtu.be/WffliCP2dU0?t=2899（NASAの気球打ち上げ）

※14　「LEVEL (Flat Earth Film) 2021」Eric Dubay：https://youtu.be/WffliCP2dU0?t=2787（気球衛星の落下）

※15　「Journey to the Edge of Space」https://www.qualita-travel.com/special/EdgeOfSpace/

※16 「この地球の天蓋のお話（本編）」Eden Media：https://youtu.be/uQdWby03AYQ?t=2488（弾力性のある深海の湖）

※17 「How Much of the Earth Can You See at Once?（地球は一度にどこまで見える?・）」Vsauce：https://youtu.be/mxhxL1LzKww?t=195

※18 「Space Navi@Kibo 2013.12 微小重力ってなあに?・」ＪＡＸＡ：https://youtu.be/R99320Aw1_M?t=273

※19 「人工衛星の疑問と嘘【熱圏 周回メカニズム 偽の映像】」AVANT-GARDE RESEARCH REPORT：https://youtu.be/5NdgGZhw3R4

※20 「A piece of a SpaceX rocket just washed ashore after spending over a year at sea, and the pictures are incredibleSpaceX（スペースX社のロケットの一部が1年以上海上で過ごした後、海岸に打ち上げられた。そしてその写真は信じられないものだった）」INSIDER：https://www.businessinsider.com/spacex-rocket-washes-ashore-in-scilly-2015-11

※21 「Mysterious object washes ashore on Seabrook Island, North Carolina（ノースカロライナ州シーブルック島に謎の物体が漂着）」strangesounds：https://strangesounds.org/2018/10/mysterious-object-washes-ashore-on-seabrook-island-north-carolina.html

第6章

『【フラットアース】の世界』中村浩三／レックス・スミス／マウリシオ（ヒカルランド）

『【フラットアース】超入門』レックス・スミス／中村浩三（ヒカルランド）

※1「200 Proofs Earth is Not a Spinning Ball（地球が回転する球ではないことの２００の証拠）」EricDubay.com：https://ericdubay.wordpress.com/2018/07/08/200-proofs-earth-is-not-a-spinning-ball-english/

※2「凸レンズ形状バリアドーム」QupyPrin：https://rumble.com/v29vfbe-137515082.html

※3 フラットアース @FlatEarth_TW：https://twitter.com/FlatEarth_TW/status/1619348504434061313?s=20&t=U2ZCsBiD34SBUHkqsqRxPA（パイロットはフラットアースである事を完全に認めている）

※4「ステラナビゲータ」アストロアーツ：https://www.astroarts.co.jp/products/stlnav12/index-j.shtml

『日本国史 上』田中英道（育鵬社）

『月刊インサイダーヒストリー ２０２３年１月号』林千勝（ダイレクト・アカデミー）

『宇宙にたった１つの神様の仕組み』飯島秀行（ヒカルランド）

『ガイアの法則』千賀一生（ヒカルランド）

※5「今ならまだ間に合います。全ての日本人が知るべき〝狂った世界の構造〟を暴露します。」TOLAND VLOG：https://youtu.be/6sK040yZx90?si=Sdwji2Jjnho3puc4&t=1945

大橋和也　オオハシ カズヤ

福岡県生まれ、静岡県在住。

東京の美術大学工業デザイン学科卒業後、電器メーカーでインダストリアルデザイナーとして活動。スマートフォンから交通管制システムまで幅広いプロダクトデザイン、ユーザーインターフェースデザインに関わる。

グッドデザイン賞受賞、意匠登録、特許（プレゼンテーションロボット、新規UI等）を取得。

2012年、YouTubeに投稿した動画「夕暮れのお座り猫ちゃん」が、同年動物動画部門の再生回数世界一を達成。猫ちゃん等の動物動画ブームに乗り、世界中のテレビやWebサイトで取り上げられる。

2021年、世の中の嘘に気づき、同年9月からフラットアース研究を開始。

2024年現在は独立し、今後の新しい世界を自由に構想する人類貢献プロジェクトを目ざして活動中。

☆YouTubeチャンネル「Cat +1 Channel（PRIN）」
動画「夕暮れの　お座り猫ちゃん ／Cat sitting relaxed」
https://www.youtube.com/watch?v=FxMOOyQI99g

地球は丸くない!?
人類史上最大級の陰謀　フラットアース隠蔽をひっぺがす！

第一刷　2024年7月31日

著者　大橋和也

発行人　石井健資
発行所　株式会社ヒカルランド
〒162-0821　東京都新宿区津久戸町3-11　TH1ビル6F
電話　03-6265-0852　ファックス　03-6265-0853
http://www.hikaruland.co.jp　info@hikaruland.co.jp
振替　00180-8-496587

本文・カバー・製本　中央精版印刷株式会社
DTP　株式会社キャップス
編集担当　浮田暁子

ISBN978-4-86742-392-9